高等院校通识课程系列教材
普通高等教育环境科学与工程类"十四五"系列教材

环境保护导论

主　编　陈春丽　黄学平　任丙南
副主编　曾慧卿　刘春英　曾　艳

中国水利水电出版社
www.waterpub.com.cn
·北京·

内 容 提 要

本书是一部系统普及环境教育、介绍环境保护专业知识、提升大学生环境保护意识、培养大学生树立正确的环保观及形成科学的环境伦理道德观的教材。全书共 10 章，主要围绕全球性环境问题，基于环境生态学基本理论，阐述了环境问题及其产生和发展过程，人类活动影响下主要环境介质大气、水体、土壤的污染及其防治，固体废物的处理处置与综合利用，噪声污染与控制，环境监测与评价、环境管理、可持续发展与生态文明等环境保护专业基础知识。

本书力图通过"两山"理念教育，使高校学生树立和践行绿水青山就是金山银山的理念，提高环境忧患意识和环境保护责任感。本书可作为高等院校环境专业的导论教材，也可作为高等院校环境保护方面的通识教育教材，还可供环境保护技术人员、管理人员参考使用。

图书在版编目（CIP）数据

环境保护导论 / 陈春丽，黄学平，任丙南主编. --
北京：中国水利水电出版社，2023.10
　　高等院校通识课程系列教材　普通高等教育环境科学
与工程类"十四五"系列教材
　　ISBN 978-7-5226-1374-1

　　Ⅰ．①环… Ⅱ．①陈… ②黄… ③任… Ⅲ．①环境保
护—高等学校—教材 Ⅳ．①X

中国国家版本馆CIP数据核字(2023)第186139号

书　　名	高等院校通识课程系列教材 普通高等教育环境科学与工程类"十四五"系列教材 **环境保护导论** HUANJING BAOHU DAOLUN
作　　者	主　编　陈春丽　黄学平　任丙南 副主编　曾慧卿　刘春英　曾　艳
出版发行	中国水利水电出版社 （北京市海淀区玉渊潭南路 1 号 D 座　100038） 网址：www.waterpub.com.cn E-mail：sales@mwr.gov.cn 电话：(010) 68545888（营销中心）
经　　售	北京科水图书销售有限公司 电话：(010) 68545874、63202643 全国各地新华书店和相关出版物销售网点
排　　版	中国水利水电出版社微机排版中心
印　　刷	北京印匠彩色印刷有限公司
规　　格	184mm×260mm　16 开本　11.75 印张　286 千字
版　　次	2023 年 10 月第 1 版　2023 年 10 月第 1 次印刷
印　　数	0001—2000 册
定　　价	**35.00 元**

前　言

　　面对环境污染、树木被砍伐、稀有动物濒临灭绝，人类将如何自处？谁来拯救我们的地球？我们怎么去保护我们的地球？保护我们的家园？

　　环境保护是世界各国共同关注的热点、难点和焦点。环境保护内容跨度大、热点多，为此，我们面向"全方位、全地域、全过程开展生态文明建设，保护生态环境，建设美丽中国"的国家重大需求，兼加科学性与前沿性、专业性与适用性的特点，本书在系统介绍最新的环境水、大气、噪声和固体废物宏观理论和政策、法规、标准的同时，融入了课程实例＋碳达峰、碳中和、最新垃圾分类、面向2030年的全球可持续发展目标（SDGs）、环境伦理道德观、生态文明建设等最新内容，形成了"学科前沿＋环保热点＋实际案例＋思政教育"的教材内容体系，是一部系统普及环境教育、学习环境保护知识、提高大学生环境保护意识、培养大学生形成正确的环保观及树立科学的环境伦理道德观的教材。

　　本书各章编写分工如下：第1章、第6章、第7章、第9章和第10章由陈春丽编写；第3章、第4章由任丙南编写；第5章由刘春英编写；第2章由曾慧卿编写；第8章由曾艳编写。陈春丽、黄学平对全书进行了统稿。

　　本书在编写过程中参考了相关文献资料，在此对这些文献资料的作者表示感谢。梁欣欣、李培清、苏金苗、吴逸颖、叶平阳在本书编写资料收集过程中提供了帮助，在此一并表示感谢。

　　由于编者水平和经验有限，书中可能存在疏漏之处，敬请读者批评指正。

编者

2023 年春

目　录

第 1 章
环境与环境问题总论

----- 本章导读 -----

　　本章主要内容包括环境的概念、分类和特性，发达国家和发展中国家的环境问题，全球性环境问题。学习重点是全球性环境问题中的温室效应加剧、臭氧层破坏。学习过程中应注意结合我国碳达峰和碳中和"双碳"目标来进行理解。学习全球性环境问题时，注意把"两山"理念与环保意识结合起来，树立和践行"绿水青山就是金山银山"的理念。

20 世纪中叶，随着环境污染日趋加重，特别是西方国家环境公害事件的不断发生，环境问题频频困扰人类。1962 年美国生物学家蕾切尔·卡森（Rachel Karson）出版了《寂静的春天》（*Silent Spring*）一书，书中阐释了农药杀虫剂 DDT 对环境的污染和破坏作用。她告诉人们：地球上生命的历史一直是生物与其周围环境相互作用的历史，只有人类出现后，生命才具有了改造其周围大自然的异常能力。在人对环境的所有破坏中，最令人震惊的是空气、土地、河流，以及大海受到各种致命化学物质的污染，这种污染是难以清除的，它们不仅进入了生命赖以生存的世界，而且进入了生物体内。

1.1　环境概述

1.1.1　环境的概念

环境是指围绕人类这一中心事物的外部世界，即环绕于人类周围，为人类生存和发展所依赖的各种因素的总和。

1.1.2　环境的分类

（1）按主体进行分类，环境可分为人类环境和生物环境。

（2）按范围进行分类，环境可以划分为空间环境、聚落环境、区域环境、全球环境、宇宙环境。

（3）按要素进行分类，环境可以划分为自然环境和社会环境，其中自然环境又进一步划分为地理环境、气象环境、大气环境、水环境、土壤环境、地质环境和生物环境；社会环境又可进一步划分为聚落环境、生产环境、交通环境和文化环境。

1.1.3　环境的特性

（1）整体性。环境中的各部分之间存在紧密的相互联系、相互制约关系。

（2）区域性。由于纬度和经度的差异，地球热量和水分在各个自然环境的分布不同，形成了陆地生态系统和水域生态系统的垂直地带性分布和水平地带性分布的特点。

（3）稳定性。在一定的时空尺度下，环境具有相对稳定的特点。所谓相对稳定，是指环境通过物流、能流和信息流而处于不断变化中，但环境系统具有一定的抗干扰的自我调节能力，只要干扰强度不超过环境所能承受的界限，环境系统的结构和功能就能得以逐渐恢复，表现出一定的稳定性。

（4）滞后性。环境受到外界影响后，其产生的影响往往是潜在的、滞后的。

（5）脆弱性。环境易受到各种各样因素的影响，具有一定的脆弱性。

（6）资源性。环境要素本身就是人类社会发展不可缺少的物质资源和能量资源。

1.2　环境问题

1.2.1　定义

环境中出现的不利于人类生存和发展的现象都属于环境问题。

1.2.2 环境问题的分类

环境问题根据发生的原因可以分为原生环境问题和次生环境问题两种：

（1）原生环境问题。主要由自然原因引起，如地震、台风、火山、海啸、泥石流、洪水、干旱、滑坡、暴雨、气候异常等。

（2）次生环境问题。主要由人为原因引起，如水土流失、土地荒漠化与盐渍化、森林面积减少、生物多样性减少、资源耗竭、温室效应、臭氧层破坏、酸雨、水污染、大气污染、土壤污染、放射性污染、食物污染、噪声、电磁波干扰、热干扰等。

1.2.3 发达国家和发展中国家环境问题的特点

（1）发达国家环境问题的特点：环境质量有了明显改善，但仍有许多环境问题有待解决。

（2）发展中国家环境问题的特点：主要是生态环境破坏、环境卫生和大城市的环境问题，或者说正走着发达国家"先污染后治理"的老路。具体表现如下：

1）生态环境遭受破坏。森林锐减，土地沙漠化，土壤侵蚀，渍水和盐渍化。

2）环境污染严重。空气污染严重，水污染严重和环境卫生差，农药污染严重。

1.2.4 当前我国环境问题的特点

（1）生态环境问题明显：森林生态功能仍然较弱；草原退化与减少的状况难以根本改变；水土流失（50 亿 t/a）、土壤沙化、耕地被占（150 万 hm^2/a）；水旱灾害日益严重；水资源短缺。

（2）环境污染严重：大气污染仍十分严重；水域污染问题突出；城市噪声污染严重；工业固体废物增加。

1.3　全球性环境问题

全球性环境问题主要有温室效应加剧、臭氧层破坏、酸雨、生物多样性锐减。

1.3.1 全球环境问题之一：温室效应加剧

著名环保纪录片《难以忽视的真相》（*An Inconvenient Truth*）为我们揭示了全球变暖的事实及其原因。

1.3.1.1 温室效应

温室主要指由玻璃或透明塑料材料封闭起来的空间。白天，阳光穿透进入室内，但只有一部分阳光能反射回去，温室吸收了大部分热能。因为组成温室的玻璃或塑料材料阻止了大部分红外线再向外反射，所以保留住了辐射进来的热量。

温室效应是一自然现象，如果地球没有大气，地球表面的平均温度约为－18℃，目前地表的平均温度为 15℃，大气的存在使地表气温上升了约 33℃，而温室效应是造成此温度差距的主要原因。

注意：需要遏制的是大气"温室效应"的加剧，而不是大气"温室效应"。

1.3.1.2　温室效应原理

大气中的水汽、臭氧、二氧化碳等气体，可以透过太阳短波辐射，使地球表面升温；但阻挡地球表面向宇宙空间发射长波辐射，从而使大气增温。

二氧化碳等气体的这一作用与"温室"的作用类似，故称为温室效应，二氧化碳等气体则被称为温室气体。

1.3.1.3　温室气体

温室气体：是指大气中吸收和重新放出红外辐射的自然和人为的气态成分，包括水蒸气（H_2O）、二氧化碳（CO_2）、甲烷（CH_4）、氧化亚氮（N_2O）、氢氟碳化物（HFCs）、全氟化碳（PFCs）、六氟化硫（SF_6）和三氟化氮（NF_3）。造成大气"温室效应"的气体中，最主要的是二氧化碳（CO_2），占比 55％；其次是氯氟烃（CFCs）占比 24％，甲烷（CH4）占比 15％，氧化亚氮（N_2O）占比为 6％。这些污染物主要是燃烧石化燃料（如石油、煤）所产生的。

特性：温室气体在大气中停留的时间（生命期）相当长。所以温室气体的影响是长久的而且是全球性的。

1.3.1.4　温室效应是全球变暖的主要原因

全球变暖的危害主要有：①地球表面温度增加；②海平面上升；③全球气候转变；④动物大迁徙和物种灭绝；⑤海洋生态的影响；⑥伤害人体抗病能力。

1.地球表面温度增加

有关报告显示，如果全球平均气温上升 3℃，北美地区受热浪侵袭的次数将增加 3～8 倍，世界其他地方情况与北美类似。

联合国于 2007 年 2 月 2 日在巴黎公布的一份报告，向人类发出了迄今为止最严厉的警告。报告称，如果人类像在冷水里慢慢被加热的青蛙一样，对日益升高的全球气温继续熟视无睹，人类生存的地球将以更快的速度变热，而大自然也将遭受无法挽回的破坏。

2.海平面上升

地球两极冰雪融化会导致海平面上升，众多岛屿将被淹没，一些岛国可能不复存在，岛上及沿海居民生活受到威胁。印度尼西亚科学家 2007 年 1 月预测称，印度尼西亚约 1.8 万个岛屿中可能将有 2000 个在 2030 年前被海水淹没。

据预测，海平面上升 1m，海岸线可能就要退缩 100m。

许多知名的城市，例如伦敦、纽约、东京、孟买、加尔各答等都将从地球上消失。

3.全球气候转变

现今气候变迁的速率较之过去自然变迁加快了 15～40 倍。全球降雨形态必然随之改变，产生更多像飓风、水灾及干旱等不正常天气形态。

我国极端天气频频发作与全球变暖有关并可能加剧。另外，登陆我国的台风，呈现偏早、偏多、灾害偏重的特点。

4. 动物大迁徙和物种灭绝

2004 年英国《自然》杂志上刊登的一篇研究报告称，全球变暖将致世界 1/4 的动植物在 50 年内灭绝。

对于北极熊等极地动物而言，北极持续变暖将使它们遭遇一场大浩劫（图1.1），而北极地区的居民（如因纽特人）的主要食物来源就是这些动物。

5. 伤害人体抗病能力

气温上升也会伤害人体的抗病能力，全球气候变迁引发动物大迁徙，届时极有可能促使脑炎、狂犬病、登革热、黄热病的大规模蔓延。

全球变暖还将导致昆虫数量猛增，对于适应能力极强、繁殖速度极快的昆虫来说，它们可能成为地球新的主人。

图 1.1　北极变暖对北极熊的影响

1.3.1.5　全球温室气体排放现状

根据荷兰环境评估署（Planbureau Voor de Leefomgeving，PBL）2020 年发布的数据，2010 年以来，全球温室气体排放总量平均每年增长 1.4%。2019 年创下历史新高，不包括土地利用变化的排放总量达到 524 亿 t 二氧化碳当量，分别比 2000 年和 1990 年高出 44% 和 59%，全球人均温室气体排放量达到 6.8t 二氧化碳当量。

2010—2019 年，化石燃料燃烧和水泥生产等工业过程排放二氧化碳，占全球温室气体排放总量的 72.6%，是温室气体的主要来源（图 1.2）。甲烷和氧化亚氮的排放占比分别约为 19.0% 和 5.5%，还有 2.9% 的排放来源于氢氟碳化物、全氟碳化物、六氟化硫等含氟气体（图 1.3）。

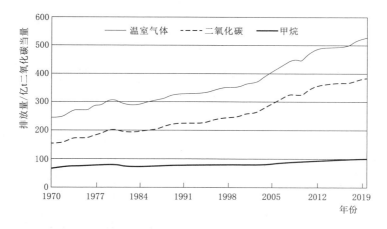

图 1.2　全球温室气体排放总量及主要温室气体排放量（1970—2019 年）

（注：温室气体排放总量不包括土地利用变化排放。）

5

根据国际能源署 (International Energy Agency，IEA) 化石燃料燃烧的二氧化碳排放数据，2019 年来自煤炭、石油和天然气的碳排放分别占 43.8%、34.6% 和 21.6%，同样热值的煤炭燃烧排放的二氧化碳约是天然气的两倍。从部门分布看，电力和供热、交通运输、工业是全球二氧化碳排放量最大的部门，三者合计占 85% 左右（图 1.4）。

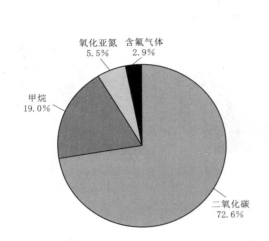

图 1.3　全球温室气体（不包括土地利用变化）
排放来源（2010—2019 年）
［数据来源：联合国环境规划署（UNEP）
的《排放差距报告 2020》。］

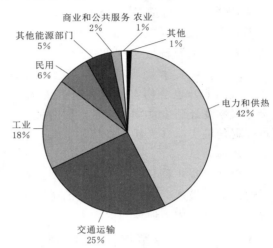

图 1.4　全球二氧化碳排放的部门分布
（2019 年）

根据联合国环境规划署 (United Enviroment Programme，UNEP) 发布的《排放差距报告 2020》，2010—2019 年的 10 年间，前六大温室气体排放国（地区）合计占全球温室气体排放总量（不包括土地利用变化）的 61.8%，其中中国占 26%，美国占 13%，欧盟 27 国和英国占 8.6%，印度占 6.6%，俄罗斯占 4.8%，日本占 2.8%。按人均排放量计算，2019 年全球人均排放约为 6.8t，美国人均二氧化碳当量为 20t，高出世界平均水平约 3 倍，而印度人均二氧化碳当量为 2.7t，相比世界平均水平约低 60%（图 1.5、图 1.6）。

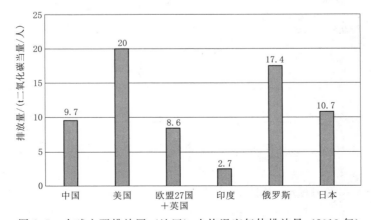

图 1.5　全球主要排放国（地区）人均温室气体排放量（2019 年）

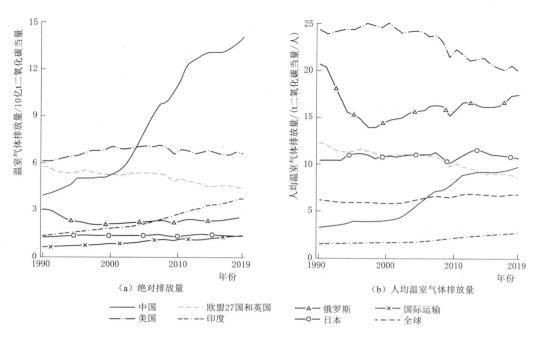

图 1.6 全球主要排放国（地区）及国际运输的温室气体
排放（1990—2019 年）（均不包括土地利用变化排放）

1.3.1.6 温室气体排放现状

1. 中国温室气体排放

根据麦肯锡报告《应对气候变化：中国对策》，中国的温室气体排放量约占全球总量的 20%。

如图 1.7 所示，2016 年，中国净排放量达 160 亿 t 二氧化碳当量。其中，二氧化碳排放占 62%，甲烷占 30%，其他温室气体占 8%。甲烷这种强效温室气体主要来自化石燃料价值链（包括煤炭开采）与粮农系统（牛肉与大米）。

从排放部门来看，麦肯锡《应对气候变化：中国对策》报告中指出：工业排放占温室气体排放总量的 50%（29% 为二氧化碳、16% 为甲烷、5% 为其他）；电力部门排放占 25%（基本是二氧化碳排放）；农业排放占 10%（甲烷占 8%、二氧化碳占 1%、其他占 1%）；交通部门排放占 6%（均为二氧化碳）；建筑占 4%；其他部门占 5%。

2. 国际社会做出的巨大努力

1992 年，180 多个国家的政府首脑在巴西里约热内卢召开了第一次环境与发展大会并签署了《联合国气候变化框架公约》，明确了发达国家和发展中国家共同而有区别的责任。

1997 年，联合国大会制定了《京都议定书》，确定了具体的削减目标。

2002 年 9 月，在南非约翰内斯堡举行的"地球首脑会议"上，朱镕基总理代表我国政府核准了《京都议定书》，表明中国向世界做出了承诺。

2004 年 11 月，俄罗斯总统普京在《京都议定书》上签字，使该议定书正式成为俄罗斯的法律文本。截至 2004 年 11 月，已有 127 个国家和地区批准了《京都议定书》。

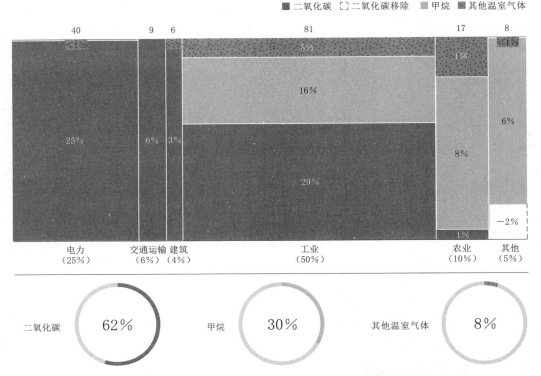

图 1.7　按气体类型与来源产业划分的 2016 年人为温室气体排放量（单位：亿 t）

目前，全球已有 141 个国家和地区签署议定书，其中包括 30 个工业化国家。

3. 《京都议定书》

1997 年 12 月，《联合国气候变化框架公约》第 3 次缔约方大会在日本京都召开。149 个国家和地区的代表通过了《京都议定书》，它规定 2008—2012 年期间，主要工业发达国家的温室气体排放量要在 1990 年的基础上平均减少 5.2%，其中欧盟将 6 种温室气体的排放量削减 8%，美国削减 7%，日本削减 6%。《京都议定书》于 2005 年 2 月 16 日生效。

限排的温室气体包括二氧化碳、甲烷、氧化亚氮、氢氟碳化物、全氟化碳、六氟化硫。

1.3.1.7　碳达峰和碳中和

气候变化是人类面临的全球性问题，随着各国二氧化碳排放，温室气体猛增，对生命系统形成威胁。在这一背景下，世界各国以全球协约的方式减排温室气体，中国由此提出碳达峰和碳中和目标。

碳排放与经济发展密切相关，经济发展需要消耗能源。据暨南大学环境与气候研究院院长邵敏教授介绍，"碳达峰"就是我国承诺在 2030 年前，二氧化碳的排放不再增长，达到峰值之后再慢慢减下去；而到 2060 年，针对排放的二氧化碳，要采取植树、节能减排等各种方式全部抵消掉，这就是"碳中和"。

我国二氧化碳排放力争 2030 年前达到峰值，力争 2060 年前实现碳中和。要抓紧制定 2030 年前碳排放达峰行动方案，支持有条件的地方率先达峰。要加快调整优化产业结构、能源结构，推动煤炭消费尽早达峰，大力发展新能源，加快建设全国用能权、碳排放权交易市场，完善能源消费双控制度。要继续打好污染防治攻坚战，实现减污降碳协同效应。要开展大规模国土绿化行动，提升生态系统碳汇能力。

1. 我国温室气体减排

目前我国的年碳排放量约为 160 亿 t，其中二氧化碳占温室气体总排放量的 62%，甲烷占比 30%，麦肯锡报告特别关注农业生产的排放。2000 年以来，我国农业生产排放量增加了 16%，成为世界最大的农业排放国。若想有所改观，就需要改变生产和消费系统。麦肯锡报告提出了两项建议：

（1）改善水稻种植的施肥方法。我国民众以大米为主食，我国占据了全球大米总消费量的 29% 和总产量的 28%，而水稻田正是甲烷产生的理想环境。如果我国能够改善稻田施肥方式，优化稻田水分管理，普及旱直播法，就可将水稻种植过程中产生的甲烷排放量减少约 40%。以上变革可通过设备补贴或甲烷排放罚款来予以推行，这将极大地惠及我国乃至整个世界。

（2）减少氮肥使用。我国每公顷农田年均施氮肥 305kg，是全球平均水平的 4 倍以上。改变这一局面并不容易，因为我国 99% 的农场面积不足 5hm²，该比例远高于亚洲其他地区和欧洲，因此，要改变我国农民的行为，就意味着必须动员到每一家农户。但这些困难并非无法克服，而且很值得克服。如果我国能够将氮肥用量降至美国同一水平，则农业排放将下降 24%，并在增产的同时为农民节约每公顷约 160 元人民币成本。此外，政府也可进一步扩大有机肥补贴计划，鼓励农民弃用或减少使用传统氮肥。

2. 我国污水行业碳排放

碳中和背景下，污泥处理处置过程中的碳减排有着很大的必要性。我国污水行业碳排放量占全社会总排放量的 1%～2%，污水甲烷排放量排名第一，虽然碳排放量整体占比不大，但结合行业自身的发展需求，污水处理需要节能降耗和碳减排。污水处理还涉及民生，社会效益重大。比如，德国强调实行垃圾分类和污泥高效资源化，给了老百姓在"双碳"背景下很大的社会效应和支撑作用。

污水资源化，一方面是水的综合利用，另一方面是污染物的综合利用，污染物的综合利用中污泥是主要的。污泥是污染的富集，污水处理全过程约有 50% 污染物聚集在污泥中，是污水碳减排注重点。

1.3.2 全球环境问题之二：臭氧层破坏

1.3.2.1 臭氧的科学发现与背景

臭氧（O_3）在大气中的含量非常少，仅占亿分之一。臭氧层存在于距地面高度 20～30km 范围平流层中，其中臭氧含量占这一高度空气总量的十万分之一。

臭氧含量虽然极微，却具有非常强烈的吸收紫外线的功能，它能吸收波长为 200～300nm 的紫外线。

正由于臭氧层能够吸收 99% 以上来自太阳的，对生物具有极强杀伤力的紫外辐射，从而保护了地球上各种生命的存在、繁衍和发展，维持着地球上的生态平衡。

1.3.2.2 臭氧层空洞的定义

大气平流层中的臭氧层浓度下降的现象称为臭氧层空洞，通常指臭氧的浓度较臭氧洞

发生前减少超过 30% 的区域。

1.3.2.3　臭氧层现况

1975 年以来，南极上空每年早春（南极 10 月）总臭氧浓度的减少超过 30%。

1985 年，南极上空臭氧层中心地带的臭氧极为稀薄，近 95% 被破坏，出现所谓的臭氧层空洞。

到 1994 年，南极上空的臭氧层破坏面积已经达 2400 万 km^2。臭氧空洞发生的持续时间和面积不断延长和扩大，1998 年的持续时间为 100 天，比 1995 年增加 23 天，而且臭氧空洞的面积比 1997 年增大约 15%，几乎相当于 3 个澳大利亚。

科学家观察证实，近 40 年来，大气中臭氧层的破坏和损耗越来越严重。

南极上空的臭氧层是在 20 亿年间形成的，可是在一个世纪里就被破坏了 60%。

北半球上空的臭氧层比以往任何时候都薄。欧洲和北美上空的臭氧层平均减少了 10%～15%，西伯利亚上空甚至减少了 35%。

20 世纪 80 年代，中国昆明上空臭氧平均含量减少 1.5%，北京减少 5%。

南极上空的臭氧层空洞一般每年 8 月出现，9—10 月空洞范围最大，12 月前后消失。

1.3.2.4　臭氧层遭到破坏的主要原因

臭氧层破坏原因目前还在探索之中，仍然存在着不同的认识，但人类排放的许多物质能引起臭氧层破坏已成为不争的事实。这些物质主要有氯氟烃（CFCs）、哈龙（CF_2ClBr）、氮氧化物（NO_x）、四氯化碳（CCl_4）以及甲烷等，其中破坏作用最大的是哈龙与氯氟烃类。氟利昂（CF_2Cl_2）主要用于制冷剂、发泡剂、清洗剂以及火箭使用的推进器等，而哈龙则是高效灭火剂，故主要分析氯氟烃。

氯氟烃无臭、无毒、不可燃、不伤物料。常温常压下为气体，由液体转变为气体时体积变得极大，并且吸收大量热能。可溶解多种化学物，如香水、杀虫剂等表面张力低、溶解度大，在低空对流层环境中相当稳定，在大气中寿命达 50～100 年。

氯氟烃经过阳光照射释放氯原子，和臭氧分子结合并分解成氧气。

据估算，一个氯原子可以破坏 10 万个臭氧分子，哈龙释放的溴原子对臭氧的破坏能力是氯原子的 30～60 倍。

许多氮氧化物也像氯氟烃一样破坏平流层中臭氧层，其中氧化亚氮引人关注。氧化亚氮的光解和氧化作用可以形成一氧化氮，一氧化氮再与臭氧反应形成二氧化氮和氧气，从而使臭氧分解。

氧化亚氮的人为来源是施用化肥、燃烧化石燃料等，天然来源有土壤中的细菌作用和空中雷电等自然现象。高空飞行的航空器、核试验等产生的氮氧化物也可以使臭氧分解。

据美国科学院估计，假如工业生产及豆科植物产生的氮肥增加 1～2 倍，全球的臭氧将减少 3.5%。

1.3.2.5　臭氧层破坏的危害

（1）损害人的免疫系统、眼角膜及人体皮肤，尤其使皮肤癌患者增加。据估计，平流层臭氧若损耗 1%，皮肤癌的发病率将增加 2%。

（2）破坏地球上的生态系统。抑制植物的光合作用，损害植物叶片，使农作物减产。水生生态系统中的微生物、小型鱼虾和单细胞藻类减少、死亡，食物链被破坏，还可能导致某些生物物种的突变。

（3）引起新的环境问题。如加剧光化学烟雾的形成，增强大气温室效应，加速材料的老化、分解、破坏，例如塑料老化、涂料变色、钢铁材料加速腐蚀等。

1.3.3　全球环境问题之三：酸雨

1.3.3.1　酸雨的定义

酸雨一般是指未被污染的雨水，呈弱酸性。由于人类大量使用煤、石油等化石燃料，燃烧后产生的硫氧化物（SO_x）和氮氧化物（NO_x），在大气中经过复杂的化学反应，形成硫酸和硝酸气溶胶，或为云、雨雪、雾捕捉吸收，降到地面成为酸雨，故 pH 值低于 5.6。

酸雨，其正确的名称应为酸性沉降，它可分为湿沉降与干沉降两大类（表 1.1），前者指的是所有气状污染物或粒状污染物，随着雨、雪、雾或雹等降水形态而落到地面者，后者则是指在不下雨的日子，从空中降下来的落尘所带的酸性物质。

1.3.3.2　酸雨的形成

自然物质：火山爆发喷出大量硫化物及悬浮固体物，自然水域表面释放硫化氢，动植物分解产生有机酸，土壤微生物及海藻释放硫化氢（H_2S）、二甲基硫（C_2H_6S）及氮化物。

人为物质：工业化后，燃料大量使用，燃烧过程中产生一氧化碳、氯化氢、二氧化硫、氮氧化物及悬浮固体物，排放至大气环境中，经光化学反应生成硫酸（H_2SO_4）、硝酸（HNO_3）等酸性物质。

表 1.1　　　干沉降和湿沉降

类型	相态	沉降的形式或成分
干沉降	气态	气体二氧化硫、二氧化氮、氯化氢
	固态	气溶胶、飘尘
湿沉降	液态	雨、雾、露
	固态	雪、霜

1.3.3.3　酸雨的主要污染物质

1. 二氧化硫（SO_2）

来源：二氧化硫主要来源是燃烧燃料，发电厂烧煤或石油时会排出，炼油厂、炼钢厂、硫酸工厂等在生产程序中也会排放不少该种气体。

形成过程：二氧化硫会在空气中被氧化成硫酸根离子（SO_4^{2-}）。首先，二氧化硫与氧气产生反应，生成三氧化硫（SO_3）。其过程非常复杂，有时还会涉及碳氢化合物及锰、铜、铁等金属离子。若有水蒸气存在，三氧化硫会溶在水蒸气中，形成硫酸，在空气中凝结成水点。或者在空中被雨水溶解，成为雨水中的硫酸根离子。

2. 氮氧化物（NO_x）

来源：氮氧化物是高温燃烧下的产物，来源也跟二氧化硫相似，在燃烧燃料时被排出，另外，交通工具如汽车的废气中也含有大量的氮氧化物。

形成过程：一氧化氮可与空气中的氧气或臭氧及金属催化物发生化学反应，形成二氧化氮、无机性硝酸盐或过氧乙酰硝酸酯（PAN）等物质。二氧化氮可被微粒表面吸收，转变为无机性硝酸盐或硝酸，硝酸再与氨（NH_3）反应生成硝酸铵（NH_4NO_3）而得；或经由水滴直接吸收，将溶解的二氧化氮转变为硝酸根离子（NO_3^-）。

3．氯化氢（HCl）

氯化氢（HCl）源自盐酸工厂、焚化炉等的废气、汽油车的排气等。

1.3.3.4　酸雨的分布

当前，世界最严重的三大酸雨区是西北欧、北美和中国。欧洲北部的斯堪的纳维亚半岛是最早发现酸雨，并引起注意的地区。20 世纪 70 年代，西北欧降水的 pH 值曾降至 4.0，还向海洋和东欧方面不断扩展，北美的东部降水 pH 值已降至 4.5，中国、日本、亚非区国家降水 pH 值也在下降。

（1）欧洲酸雨区。北欧瑞典和挪威酸雨比较突出，20 世纪 70 年代，降水 pH 值已经低至 4.0～4.5。英国则是欧洲二氧化硫和氮氧化物排放量最大的国家之一，酸雨也比较严重。根据有关的资料分析，欧洲二氧化硫排放量分布与硫酸根离子（SO_4^{2-}）含量分布趋势十分相似，高值区出现在欧洲主要工业区，东自德国，向西延伸到法国东北部、比利时、荷兰南部，过英吉利海峡，延伸至英国大的工业区。由此可见，酸雨形成与工业区排放的二氧化硫之间有密切关系。

（2）北美酸雨区。北美降水中 pH 值以美国和加拿大最低，为 4.0～4.5，最低值出现过 3.2。美国酸雨始于 20 世纪 50 年代初期，美国很早就在发电站和大企业采用 200～300m 高烟囱排放二氧化硫，使二氧化硫等污染物大量被扩散到远离排放口的地区，与其相邻的加拿大深受其害。加拿大境内的不少酸雨，污染源竟远在美国。美国的酸雨自西向东逐渐加重。20 世纪 80 年代开始，美国采取一系列措施控制二氧化硫和氮氧化物排放量，使整个美国降水 pH 值没有继续降低。

（3）中国酸雨区。中国自 20 世纪 70 年代开始对酸雨进行监测。2021 年，中国酸雨区面积约为 36.9 万 km^2，约占国土面积的 3.8%，比 2020 年下降了 1%。其中，较重酸雨区面积占 0.04%，无重酸雨区。中国酸雨大部分分布在长江以南，其中四川、贵州、湖南、广西、广东、江西、安徽、江苏、浙江等附近酸雨频率在 40% 以上，西自四川峨眉山、重庆金佛山、贵州遵义、广西柳州、湖南洪江和长沙，向东直至安徽徽州，形成一条突出的酸雨带，酸雨频率均在 80% 以上。

我国酸雨一直呈发展趋势，已经形成华中、西南、华南和华东四大酸雨区。

目前，中国已成为仅次于欧洲和北美的世界第三个主要酸雨区。

（4）中国的"碱雨区"和"中性雨区"。内蒙古高原和青海高原、甘肃河西走廊半干旱和干旱地区，有大量如钠、钾、钙、镁等碱性化合物，转入空中，降水的 pH 值均在 7.0 以上，属"碱雨区"。秦岭淮河以北的东北、华北以及西北，绝大部分属于半湿润地区，土壤中含碱土金属多，进入云雨中的微尘，具有中和作用，因此，降水的 pH 值一般为 7.0 左右，属于中性，可称为"中性雨区"。

1.3.3.5　酸雨的危害

1．酸雨对人类的影响

眼角膜和呼吸道黏膜对酸类十分敏感，受酸雨刺激后容易导致红眼症和支气管炎。

对人类而言，酸雨的一个间接影响就是溶解在水中的有毒金属被水果、蔬菜和动物的组织吸收，吃下这些动植物会对人类产生严重影响。例如，累积在动物器官和组织中的汞与人体脑损伤和神经紊乱有一定关联。同样地，在动物器官中的金属铝与人体肾脏问题有关，近年来也被怀疑与阿尔茨海默病等疾病有关。

2. 酸雨对建筑物的影响

酸性粒子也会沉积在建筑物和雕像上，从而造成建筑物和雕像的侵蚀。例如，建在渥太华的加拿大国会大厦一直被大气中过量的二氧化硫侵蚀。1967 年俄亥俄河上的桥因酸雨常年腐蚀而倒塌，造成 46 人死亡。另外，酸雨也容易造成常年暴露在外的人文雕像受到侵蚀，从而造成文化资产的破坏。

3. 酸雨对森林的影响

酸雨造成最严重的影响之一在于森林和土壤。硫酸随着降水落到地球表面而造成严重损害，土壤中的养分也会流失。因此树木会因为维持生命所必需的钙和镁的流失而枯死。

并非所有的二氧化硫都会转变成硫酸，事实上有相当部分的二氧化硫会漂浮在大气中，当最后沉降到地表时，会阻碍叶子的气孔进行光合作用。

4. 酸雨对农作物的影响

酸雨会影响农作物如稻子的叶子，同时土壤中的金属元素因被酸雨溶解，造成矿物质大量流失，植物无法获得充足的养分，将枯萎、死亡。

5. 酸雨对水生生态系统的影响

pH 值小于 6：鱼类的食物物种相继死去，例如蜉蝣是鱼类的重要食物来源，它们无法在此酸碱值下生存。

pH 值小于 5.5：鱼类不能繁殖，幼鱼很难存活，因为缺少营养造成很多畸形的成鱼。鱼类因窒息而死。

pH 值小于 5.0：鱼群会相继死去。

pH 值小于 4.0：假如有生物存活，将是非常不同于之前的生物种类。

1.3.4 全球环境问题之四：生物多样性锐减

1.3.4.1 生物多样性的定义

生物多样性是指地球上的生物所有形式、层次和联合体中生命的多样化。

生物多样性通常包括生态系统多样性、物种多样性和遗传多样性三个层次。

（1）生态系统多样性，是指生物群落和生境类型的多样性。地球上有海洋、陆地，有山川、河流，有森林、草原，有城市、乡村和农田，在这些不同的环境中，生活着多种多样的生物。生态系统多样性是物种多样性和遗传多样性的前提和基础。

（2）物种多样性，是指动物、植物、微生物物种的丰富性。物种是组成生物界的基本单位，是自然系统中相对稳定的基本组成成分。对于某个地区而言，物种数多，则多样性高；物种数少，则多样性低。自然生态系统中的物种多样性在很大程度上可以反映出生态系统的现状和发展趋势。

（3）遗传多样性，是指存在于生物个体内、单个物种内以及物种之间的基因多样性。物种的遗传组成决定着它的性状特征，其性状特征的多样性是遗传多样性的外在表现。通常所谓的"一母生九子，九子各异"，指的是同种个体间外部性状的不同，所反映的是内部基因多样性。基因多样性是物种对不同环境适应与品种分化的基础。遗传变异越丰富，物种对环境的适应能力越强，分化的品种、亚种也越多。

1.3.4.2　生物多样性的重要意义

（1）生物多样性是人类赖以生存的生命支持系统。人类社会从远古发展至今，无论是狩猎、游牧、农耕还是集约化经营，都建立在生物多样性基础之上。随着社会的进步和经济的发展，人类不仅无法摆脱对生物多样性的依赖，而且在食物、医药等方面更加依赖于对生物资源的高层次开发。

（2）生态系统提供了极其重要的"生态服务"功能。其"生态服务"功能指的是生物在生长发育过程中，以及生态系统在发展变化过程中为人类提供的一种持续、稳定、高效舒适的服务功能。例如，维护自然界的氧—碳平衡，提供氧气；净化环境，提供清洁的空气和饮用水；为人类提供优美的生态环境和休息娱乐场所；可以涵养水源，防止水土流失；可以降解有毒有害污染物质等。

1.3.4.3　生物多样性遭到的破坏

1. 生态系统多样性锐减

生态系统多样性锐减主要表现在各类生态系统的数量减少、面积缩小和健康状况的下降三大方面。生态系统多样性的锐减表明动物（尤其是野生动物）的栖息地发生了改变或丢失。目前，热带森林、温带森林和大平原以及沿海湿地正在大规模地转变成农业用地、私人住宅、大型商场和城市。

2. 物种多样性锐减

首先，生物多样性的丢失涉及物种灭绝和物种消失两个概念。物种灭绝是指某一个物种在整个地球上完全消失；物种消失是一个物种在其大部分分布区内丢失，但在个别分布区内仍有存活。物种消失可以恢复，但物种灭绝是不能恢复的，将造成全球生物多样性的下降。

其自然灭绝的原因可能是：生物之间的竞争、疾病、捕食等长期变化，以及随机的灾难性环境事件。例如，大陆的沉降、漂移，冰河期，大洪水等使生活在地球上的人类和生物遭受毁灭性打击。

物种灭绝的人为过程自古有之，其中，多数大规模的灭绝事件与大规模殖民化相关联。如在美国加利福尼亚州发现的化石研究表明，在北美被殖民化后的不长一段时间里，发生了包含57种大型哺乳动物和几种大型鸟类（包括10种野马、4种骆驼、2种野牛、1种原生奶牛、4种象、羚羊、大型地面树懒、美洲虎、美洲狮和体重可达25kg的以腐肉为食的猛禽等）的灭绝。如今，这些大型动物尚存的唯一代表是严重濒危的加利福尼亚神鹰。

综上所述，生物多样性锐减是全球环境问题之一。为了防止和解决这一问题，防止生态破坏，中国政府制定了《环境影响评价技术导则　生态影响》（HJ 19—2022），以贯彻落实《中华人民共和国环境保护法》《中华人民共和国环境影响评价法》和《建设项目环境保护管理条例》，规范和指导生态影响评价工作。在中国，项目建设前，需要对建设项目评价范围内因工程占用、施工活动干扰、环境条件改变、时间或空间累积作用等，直接或间接导致物种、种群、生物群落、生境、生态系统以及自然景观、自然遗迹等发生的变化等直接、间接和累积的生态系统影响作出预测和评价，并在此基础上提出采取的防治措施和对策。

思 考 与 练 习

1. 我国最强酸雨区在哪里？

2. 我国最强碱雨区在哪里？

3. 全球气候变暖的影响与危害有哪些？

4. 我们能为缓解全球变暖做些什么？

5. 我国的"碳中和"之路情况如何？

6. 关于低碳，我们可以做什么？

7. 列举你知道的碳名词。

8. 观看 3 部以上环保纪录片，并谈谈你的观后感。

第 2 章

环境生态学基础知识——生态学规律在环境保护中的应用

┌─── **本章导读** ─────────────────

　　本章主要内容包括生物监测手段和指示生物、生物评价、生物净化、生态规划、生态农业和生态工业。学习重点是生物评价和生物净化。学习过程中应注意从生态系统平衡角度理解生态规划、生态农业和生态工业，并尝试将生态学原理与自身所学专业相结合，思考如何做好环境保护。

└──────────────────────────

环境生态学是环境科学的一个较大分支学科，它是运用生态学原理，阐明人类对环境的影响以及解决这些问题的生态途径。环境生态学的应用方向主要有六个方面：生物监测、生物评价、生物净化、生态规划、生态农业、生态工业。

2.1 生物监测

利用生物个体、种群或群落对环境污染或变化所产生的反应进行定期、定点分析与测定以阐明环境污染状况的环境监测方法，称为生物监测。

国外对于植物与大气污染的关系做了很多调查研究工作，已选出一批敏感的指示植物和抗性强的耐污植物。

中国近年来在环境污染调查中也开展了生物监测工作，例如对北京官厅水库、湖北鸭儿湖、辽宁浑河等水体的生物监测，利用鱼血酶活力的变化反映水体污染，用地栖动物监测农药污染等，都取得一定成果。在利用植物监测大气污染方面，也进行了大量研究。

2.1.1 生物监测手段

以大气监测为例，大气监测中的生物监测手段主要有以下几个方面：

（1）利用指示生物监测大气污染，主要是根据各种植物在大气污染环境中叶片上出现的伤害症状，对大气污染做出定性和定量的判断。

（2）测定植物体内污染物的含量，估测大气污染状况。

（3）观察植物的生理生化反应，如酶系统的变化、发芽率的降低等，对大气污染的长期效应做出判断。

（4）测定树木的生长量和年轮等，估测大气污染的现状和历史。

（5）利用某些敏感植物（如地衣、苔藓等）制成大气污染植物监测器，进行定点观测。

2.1.2 指示生物

对环境中的污染物或某些因素能产生非一般性反应或特殊信息的生物体称为指示生物。它可以将受到的各种影响以不同症状表现出来，以此表征环境质量状况。

对某一环境特征具有某种指示特性的生物，则称为这一环境特征的指示生物。它可分为水污染指示生物和大气污染指示生物。

1. 水污染指示生物

水污染指示生物是在一定水质条件下生存，对水体环境质量的变化反应敏感而被用来监测和评价水体污染状况的水生生物。如颤蚓、血红虫、硅藻、小球藻、栅藻、水生维管束植物等。

2. 大气污染指示生物

对大气污染反应灵敏，用来监测和评价大气污染状况的生物，包括大气污染指示植物和大气污染指示动物。

例如金丝雀对一氧化碳敏感，可将其用于监测煤矿坑道的大气污染。

例如秋海棠、美人蕉对二氧化硫敏感，杜鹃、扶桑、菊花、矮牵牛和烟草对氮氧化物气体灵敏，百日草、蔷薇可用于氯气监测，香石竹、兰花、凤仙花易受乙烯气体作用，向日葵对氨气的作用很明显，吊兰对臭气吸收效果好等。

可根据指示生物发出的各种信息判断大气污染的状况，并做出评价。

大气污染较常用的指示植物如下：

二氧化硫污染指示植物——荞麦、金荞麦、芝麻、向日葵等。

氟化氢污染指示植物——唐菖蒲、郁金香、金荞麦、小苍兰、杏、葡萄等。

臭氧污染指示植物——烟草、矮牵牛、光叶榉、牵牛等。

乙烯（C_2H_4）污染指示植物——芝麻、香石竹、番茄等。

过氧乙酰硝酸酯（PAN）污染指示植物——早熟禾、矮牵牛、菜豆等。

2.2　生物评价

生物评价是指用生物学方法按一定标准对一定范围内的环境质量进行评定和预测。

生物评价方法主要有指示生物评价法、生物指数评价法、种类多样性指数法。

2.2.1　指示生物评价法

各种生物对环境因素的变化都有一定的适应范围和反应特点。生物的适应范围越小，反应越典型，对环境因素变化的指示越有意义。

有些植物对大气污染反应敏感，并表现出独特的受害症状，人们根据它们的受害症状和程度，可以大致判断大气污染的状况和污染物的性质。

许多水生生物也有指示作用。如石蝇稚虫、蜉蝣稚虫等多的地方表明水域清洁，颤蚓类、蜂蝇稚虫和污水菌等多的地方表明水域受有机物严重污染。多毛类小头虫是海洋污染的指示生物。

2.2.2　生物指数评价法

该方法主要根据污水生物系统的原理，研究某一类生物（如藻类或无脊椎动物）中敏感种类和耐污种类的比例并给以简单的数字表示。

如贝克生物指数是将采集到的大型底栖无脊椎动物分成敏感的（Ⅰ）和不敏感的（Ⅱ）两类，再按公式求生物指数。

又如特伦特生物指数是按生物的敏感性将有代表性的无脊椎动物依次排成 7 类，每类生物给以简单的分值表示。英国以此作为官方的水质生物评价方法。

2.2.3　种类多样性指数法

在环境清洁的条件下，生物种类较多，但个体数量一般不大。环境变坏以后，敏感的种类消失，耐污的种类在没有竞争和天敌的有利条件下，可能大量发展，使群落结构发生改变。根据这一原理，20 世纪 60 年代开始利用群落结构的变化来评价污染，并用数学公式表示。

许多大气和水体污染物能在生物体内积累，生物体内残毒含量能比周围环境中的相应含量高出好多倍，因此生物体内残毒含量也是判断环境质量的重要内容。

2.3 生物净化

生物净化是通过生物类群的代谢作用使环境中污染物质的数量减少、浓度下降、毒性减轻甚至消失的过程。

2.3.1 生物净化的分类

（1）陆地生态系统的生物净化。主要是由植物吸收、转化、降解各种污染物，其中包括植物对大气污染的净化和土壤-植物系统对土壤污染的净化。

（2）淡水生态系统的生物净化。起主导作用的是细菌，但许多水生植物和沼生植物也有较强的净化作用。

（3）海洋生态系统的生物净化。也是细菌起主要作用，此外还有霉菌、酵母、放线菌和原生动物等。它们对主要的海洋污染物石油烃类，以及多环芳烃类，都有较好的净化作用。

例如，凤眼莲（即水葫芦）是一种监测环境污染的良好植物，它对砷（As）敏感，当水中砷浓度达到 6×10^{-8} 时，经 2h，凤眼莲的叶片即出现伤害症状，因此它可用来监测水中是否有砷存在。同时凤眼莲的根系可以吸收水体中的锌（Zn）、砷、汞（Hg）、镉（Cd）、铅（Pb）等有毒物质，从而起到净化水体的作用。

2.3.2 陆地生态系统的生物净化作用

包括植物对大气污染的净化作用和土壤-植物系统对土壤污染的净化作用。

植物（包括树木和草坪）净化大气的作用主要有：

（1）吸收二氧化碳，释放氧气，维持人类环境中两者的平衡。

（2）对降尘和飘尘有滞留过滤作用。

（3）在植物抗性范围内能通过吸收减少空气中二氧化硫、氟化氢、氯气等有害物质的含量。

（4）在植物抗性范围内能减少臭氧的发生，减轻光化学烟雾污染。

（5）有过滤细菌或杀菌作用。

（6）对某些重金属有吸收和净化作用。

（7）减轻噪声污染。

2.3.3 土壤-植物系统的生物净化作用

（1）植物根系的吸收、转化、降解和合成作用。

（2）土壤中真菌、细菌和放线菌微生物区系的降解、转化和生物固定作用。

（3）土壤中动物区系的代谢作用，对于一般有机物质，特别是对含氮、磷、钾的有机物具有理想的净化效果。

2.3.4　淡水生态系统的生物净化作用

河流、湖泊、水库等水体中生活着细菌、真菌、藻类、水草、原生动物、贝类、昆虫幼虫、鱼类等生物，对污染物会产生生物净化作用，其中细菌起主导作用。

水体中某些特殊的微生物类群还能吸收并浓缩水中汞、锌、镉等重金属元素或生物难降解的人工合成有机物。这些物质经过生物固定沉积在底部沉积物中，使水体逐步得到净化。

中国在发展污水处理厂的同时，十分注意因地制宜地应用各种水体自净功能。如湖北省黄石市鸭儿湖被生产有机磷、有机氯农药为主的化工厂排出的综合性废水所污染。鸭儿湖的治理工程就是一个由细菌-藻类-浮游生物-鱼类生物群落构成的兼有厌氧-需氧的多级氧化塘系统，在厂内治理的基础上，这个系统净化功能良好，有毒物质的年平均去除率对硫、磷为 98.7%，六六六（$C_6H_6Cl_6$）为 86.2%。化学需氧量（COD）年平均降低 77.3%。

2.3.5　海洋生态系统的生物净化作用

污染海洋的物质种类繁多，其中石油是数量大、危害重的主要污染物。海洋中石油污染物一般通过挥发、溶解、扩散、氧化、生物降解、动植物吸收、沉淀等途径逐步消失，其中生物净化作用是很重要的。

海洋中降解石油烃的微生物主要是细菌，此外，还有酵母、放线菌和丝状真菌。

目前通过人工诱变方法可以得到能降解某些人工合成的难以降解的有机污染物的微生物种类。如日本从土壤中分离出红酵母和蛇皮癣菌，能分别降解 30%～40% 的多氯联苯。

2.4　生态规划

2.4.1　定义及分类

生态规划是指运用生态学原理，综合地、长远地评价、规划和协调人与自然资源开发、利用和转化的关系，提高生态经济效率，促进经济社会可持续发展的一种区域发展规划方法。

生态规划按不同的层次分为全国性的、区域性的和局部地区的生态规划等，按不同的类型划分为城市生态规划和农村生态规划等。

2.4.2　生态规划案例

1. 巴西库里蒂巴的城市生态规划

巴西库里蒂巴是南美国家巴西东南部的一个大城市，为巴西第 7 大城市，环境优美，在 1990 年被联合国命名为"巴西生态之都""城市生态规划样板"。该市以可持续发展的城市规划受到世界的赞誉，尤其是公共交通发展受到国际公共交通联合会的推崇，世界银行和世界卫生组织也给予库里蒂巴极高的评价。该市的废物回收和循环使用措施以及能源节约措施也分别得到联合国环境署和国际节约能源机构的嘉奖。

2.美国伯克利的生态城市建设

国际生态城市运动的创始人，美国生态学家理查德·雷吉斯特（Richard Register）于 1975 年创建了"城市生态学研究会"，随后他领导该组织在美国西海岸的伯克利开展了一系列的生态城市建设活动，在其影响下美国政府非常重视发展生态农业和建设生态工业园，这有力地促进了城市可持续发展，伯克利也因此被认为是全球"生态城市"建设的样板。

根据理查德·雷吉斯特的观点，生态城市应该是三维的、一体化的复合模式，而不是平面的、随意的。同生态系统一样，城市应该是紧凑的，是为人类而设计的，而不是为汽车设计的，而且在建设生态城市过程中，应该大幅度减少对自然的"边缘破坏"，从而防止城市蔓延，使城市回归自然。

2.5 生态农业

2.5.1 定义

生态农业是指以生态学理论为指导，运用系统工程的方法，以合理利用自然资源与保护良好的生态环境为前提，组织进行的农业生产。

2.5.2 生态农业模式

生态农业模式是一种在农业生产实践中形成的兼顾农业的经济效益、社会效益和生态效益，结构和功能优化了的农业生态系统。

我国十大生态农业模式如下：

（1）北方"四位一体"生态模式及配套技术。

（2）南方"猪-沼-果"生态模式及配套技术。

（3）平原农林牧复合生态模式及配套技术。

（4）草地生态恢复与持续利用生态模式及配套技术。

（5）生态种植模式及配套技术。

（6）生态畜牧业生产模式及配套技术。

（7）生态渔业模式及配套技术。

（8）丘陵山区小流域综合治理模式及配套技术。

（9）设施生态农业模式及配套技术。

（10）观光生态农业模式及配套技术。

2.6　生态工业

2.6.1　定义

生态工业是依据生态经济学原理，以节约资源、清洁生产和废弃物多层次循环利用等为特征，以现代科学技术为依托，运用生态规律、经济规律和系统工程的方法经营和管理的一种综合工业发展模式。

生态工业是模拟生态系统的功能，建立起相当于生态系统的"生产者、消费者、还原者"的工业生态链，以低消耗、低（或无）污染、工业发展与生态环境协调为目标的工业。

2.6.2　生态工业案例

1. 南海国家生态工业示范园区

南海国家生态工业示范园区位于我国最活跃的珠江三角洲经济圈腹地——广东佛山，是我国第一个以循环经济和生态工业理念为指导的国家级生态工业园。园区总面积 $35km^2$，投资 50 亿元，将其建设成为面向珠三角，辐射华南的体现循环经济的第三代工业园，为广东乃至全国的产业升级改造、探索可持续的经济发展模式起到示范作用。在园内还将建立集环保科技产业研发、孵化、生产、教育等诸多功能于一体的国家环保产业基地。

该园区以循环经济和生态工业为指导理念，以环保产业为主导产业，将制造业、加工业等传统产业纳入生态工业链体系。重点培育设备加工、塑料生产、建筑陶瓷、铝型材和绿色板材等 5 个主导产业生态群落。生态工业系统类似于自然生态系统，12 个企业将组成一个生产—消费—分解—闭合的循环。

2. 广西贵港国家生态工业（制糖）示范园区

广西贵港国家生态工业（制糖）示范园区是中国第一个循环经济试点。该园区是以上市公司贵糖（集团）股份有限公司为核心，以蔗田系统、制糖系统、酒精系统、造纸系统、热电联产系统、环境综合处理系统为框架建设的生态工业（制糖）示范园区。

园区内资源得到最佳配置，废弃物得到有效利用，环境污染减少到最低水平。园区内主要生态链有两条：一是甘蔗→制糖→废糖蜜→制酒精→酒精废液制复合肥→回到蔗田；二是甘蔗→制糖→蔗渣造纸→制浆黑液碱回收。此外还有制糖业（有机糖）低聚果糖、制糖滤泥→水泥等较小的生态链。这些生态链相互间构成横向耦合关系，并在一定程度上形成网状结构。物流中没有废物概念，只有资源概念，各环节实现了充分的资源共享，变污染负效益为资源正效益。

思 考 与 练 习

1. 环境生态学的基本任务是什么？

2. 环境生态学对于环境保护有哪些作用？

3. 你认为环境生态学应该包含哪些内容？

4. 有哪些水污染指示生物？试举例说明。

5. 有哪些大气污染指示生物？试举例说明。

第 3 章
大气环境污染及其防治

本章导读

  本章主要内容包括大气环境的结构、特征、组成，大气环境污染的来源、典型污染物，大气污染防治措施，大气污染防治法律、标准、规范及技术政策。学习重点是大气环境特征、大气污染来源及典型控制技术。学习过程中应注意结合大气环境污染现状加深理解。通过大气污染治理过程中的技术分析，明确不能再走先污染后治理的老路，必须树立预防为主、从源头控制污染的环保理念。

3.1　大气环境概述

3.1.1　大气环境

大气是指环绕地球的全部空气的总和，是包围在地球最外面的圈层，由气体和气溶胶颗粒物组成的复杂的流体系统。大气环境主要是指与人类生活密切相关的大气圈。地球的大气圈由围绕地球、高达数千米至几十千米范围内的各种气体混合组成。

大气作为生命三要素之一，具有一切自然资源所共有的特性。大气既是地球系统中动量、热量和物质循环的关键部分，又对地气系统的辐射平衡起着重要作用。此外，人类活动主要是在包括对流层的地球表层内进行的。因此，作为人类地球复合系统中子系统之一的大气圈是人类生存环境的重要组成部分。

3.1.2　大气环境的特征

1. 密度

就整个地球而言，越靠近核心，组成物质的密度就越大。大气圈是地球的一部分，若与地球的固体部分相比，密度要比地球的固体部分小得多。全部大气圈的质量大约为 $6 \times 10^{15} t$，不到地球总质量的百分之一；以大气圈的高层和低层相比较，高层的密度比低层要小得多，而且越高越稀薄。假如把海平面上的空气密度作为 1，那么在 240km 的高空，大气密度只有它的千万分之一；到了 1600km 的高空就更稀薄了，只有它的千万亿分之一。整个大气圈质量的 90% 都集中在高于海平面 16km 以内的空间里。再往上当升高到比海平面高出 80km 的高度，大气圈质量的 99.999% 都集中在这个界限以下，而所剩无几的大气却占据了这个界限以上的极大的空间。

2. 气压

在任何表面上，由于大气的重量所产生的压力，也就是单位面积所受到的力，称为大气压。其数值等于从单位底面积向上，一直延伸到大气上界的垂直气柱的总重量。气压单位为帕（Pa），$1Pa = 1N/m^2$。气象工作中常用的气压单位是百帕（hPa），$1hPa = 100Pa$。

3. 分层

按照大气在铅直方向的各种特性，将大气分成若干层次，如图 3.1 所示。

按大气各组成成分的混合状况，可把大气分为均匀层和非均匀层。在 90km 高度以下，大气是均匀混合的，组成大气的各种成分相对比例不随高度而变化，这一层称为均质层。在 90km 高度以上，组成大气的各种成分的相对比例是随高度的升高而发生变化的，比较轻的气体粒子如氧原子、氮原子、氢原子等越来越多，大气就不再是均匀混合的，这一层称为非均质层。

按大气被电离的状态来划分，可分为非电离层和电离层。在海平面以上 60km 以内的大气，基本上没有被电离处于中性状态，所以这一层称为非电离层。在 60km 以上至 1000km 的高度，这一层大气在太阳紫外线的作用下，大气成分开始电离，形成大量的正、负离子和自由电子，所以这一层称为电离层，这一层对于无线电波的传播有着重要的作用。

　　按大气层的成分、温度、密度等物理性质在垂直方向上的变化特征，大气分成对流层、平流层、中间层、热层和散逸层，也可称为对流层、平流层、中间层、暖层和外层。

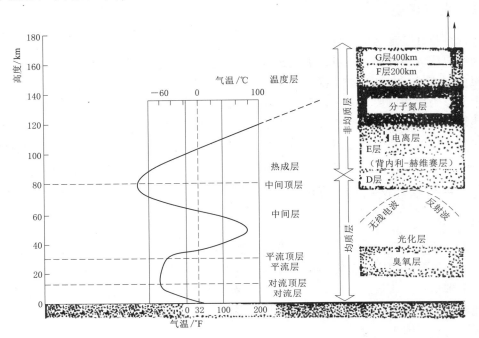

图 3.1　大气结构分层示意

　　（1）对流层。对流层是大气的最下层，它受地面的影响最大。因为地面附近的空气受热上升，而位于上面的冷空气下沉，这样就发生了对流运动，故称为对流层。对流层的下界是地面，上界因纬度和季节而不同。对流层的主要特征如下：

　　1）气温随高度的增加而递减，平均每升高 100m，气温降低 0.65℃。其原因是太阳辐射首先主要加热地面，再由地面把热量传给大气，因而越近地面的空气受热越多，气温越高，远离地面则气温逐渐降低。

　　2）空气有强烈的对流运动。地面性质不同，因而受热不均。暖的地方空气受热膨胀而上升，冷的地方空气冷缩而下降，从而产生空气对流运动。对流运动使高层和低层空气得以交换，促进热量和水分传输，对成云致雨有重要作用。

　　3）天气的复杂多变。对流层集中了 75％大气质量和 90％的水汽，因此伴随强烈的对流运动，产生水相变化，形成云、雨、雪等复杂的天气现象。人类活动排放的污染物大多集中于对流层，大气污染主要发生在这一层，因此对流层与人类的关系最为密切。

　　（2）平流层。平流层在对流层的顶部，直到高于海平面 50～55km 的这一层，气流运动相当平衡，而且主要以水平运动为主，故称为平流层。在平流层内，距地表 25～50km 处有一圈臭氧层。它能吸收太阳紫外线和宇宙射线，使地球上的人类和其他生物避免受到有害的辐射，成为人类的"保护伞"。其主要特征如下：

1）温度随高度增加由等温分布变逆温分布。平流层的下层随高度增加气温变化很小。大约在 20km 以上，气温又随高度增加而显著升高，出现逆温层。这是因为 20～25km 高度处，臭氧含量最高。臭氧能吸收大量太阳紫外线，从而使气温升高。

2）垂直气流显著减弱。平流层中空气以水平运动为主，空气垂直混合明显减弱，整个平流层比较平稳。

3）水汽、尘埃含量极少。由于水汽、尘埃含量少，对流层中的天气现象在这一层很少见。平流层天气晴朗，大气透明度好。

（3）中间层。平流层之上，到高于海平面 85km 高空的一层为中间层。这一层大气中，几乎没有臭氧，这就使来自太阳辐射的大量紫外线穿过了这一层大气而未被吸收，所以在这层大气里，气温随高度的增加而下降得很快，到顶部气温已下降到－83℃以下。由于下层气温比上层高，有利于空气的垂直对流运动，故又称之为高空对流层或上对流层。在地球表面大约 85km 以上的大气层为非均质层，由四种气体层所组成，即氮分子层、氢原子层、氦原子层和氢原子层。其主要特征：

1）气温随高度增加而迅速降低，中间层的顶界气温降至－83～－113℃。因为该层臭氧含量极低，不能大量吸收太阳紫外线，而氮、氧能吸收的短波辐射又大部分被上层大气所吸收，故气温随高度增加而递减。

2）出现强烈对流运动。这是由于该层大气上部冷、下部暖，致使空气产生对流运动。但由于该层空气稀薄，空气的对流运动不能与对流层相比。

（4）暖（热）层。从中间层顶部到高出海面 800km 的高空，称为暖（热）层，又称电离层。这一层空气密度很小，在 700km 厚的气层中，只占大气总重量的 0.5%。暖层具有以下特征：

1）随高度的增加，气温迅速升高。据探测，在 300km 高度上，气温可达 1000℃以上。这是因为所有波长小于 0.175μm 的太阳紫外辐射都被该层的大气物质所吸收。

2）空气处于高度电离状态。这一层空气密度很小，在 270km 高度处，空气密度约为地面空气密度的百亿分之一。由于空气密度小，在太阳紫外线和宇宙射线的作用下，氧分子和部分氮分子被分解，并处于高度电离状态，故暖层又称电离层。电离层具有反射无线电波的能力，对无线电通信有重要意义。

（5）散逸层。暖层顶以上的大气统称为散逸层，又称外层。它是地球大气的最外层，高度最高可达到 3000km。这一层大气的温度也很高，空气十分稀薄，受地球引力场的约束很弱，一些高速运动着的空气分子可以挣脱地球的引力和其他分子的阻力散逸到宇宙空间中去。它是大气的最外一层，也是大气层和星际空间的过渡层，但无明显的边界线。

3.1.3 大气的组成

在原始大气中，氧的含量非常少，而二氧化碳很多。后来，绿色植物出现在陆地上，通过光合作用，逐渐使原始大气变成了人们认识到的样子。过去人们认为地球大气是很简单的，直到 19 世纪末才知道地球上的大气是由多种气体组成的混合体，并含有水汽和部分杂质。它的主要成分是氮、氧、氩等。在 80～100km 以下的低层大气中，气体成分可分为两部分：一部分是"不可变气体成分"，主要指氮、氧、氩三种气体。这几种气体成分之间维持固定的比例，基本不随时间、空间而变化。另一部分为"易变气体成分"，以水汽、二氧化碳和臭氧为主，其中变化最大的是水汽。总之，大气是含有各种物质成分的混合物，可以大致分为干洁空气、水汽、微粒杂质和新的污染物。

1. 干洁空气

干洁空气是指大气中除去水汽、液体和固体微粒以外的整个混合气体，简称干空气。它的主要成分是氮、氧、氩、二氧化碳等，其容积含量占全部干洁空气的 99.99％ 以上。其余还有少量的氢、氖、氦、氙、臭氧等。干洁空气各成分间的百分比数从地面直到 85km 高度间，基本上稳定不变（表 3.1）。这是由于这层大气中对流、湍流运动盛行，不同高度、不同地区间气体得到充分交换和混合的结果。而到 85km 以上的高层大气中，对流、湍流运动受到抑制，分子的扩散作用超过湍流扩散作用，大气的组分受地球重力分离作用，氢、氦等较轻成分的百分比数相对增多，气体间的混合比趋于不稳定。干洁空气各成分的临界温度很低，在自然界大气的温度、压力变化范围内都呈气态存在。

表 3.1　干洁空气中的成分（85km 以下）

气体成分	在干洁空气中的含量/%		分子量	临界温度/℃
	体积分数	质量分数		
氮（N_2）	78.09	75.52	28.02	-147.2
氧（O_2）	20.95	23.15	30.00	-118.9
氩（Ar）	0.93	1.28	39.88	-122.0
二氧化碳（CO_2）	0.03	0.05	44.00	31.0
氖（Ne）	1.8×10^{-3}	—	20.18	-228.0
氦（He）	5.24×10^{-4}	—	4.00	-257.9
氪（Kr）	1.0×10^{-4}	—	83.75	-63.0
氢（H_2）	5.0×10^{-5}	—	2.02	-240.0
氙（Xe）	8.0×10^{-6}	—	131.10	16.6
臭氧（O_3）	1.0×10^{-6}	—	48.00	-5.0
氡（Rn）	6.0×10^{-18}	—	222.00	—
甲烷（沼气）（CH_4）	—	—	16.04	—
干洁空气	100	100	28.97	—

2. 水汽

水汽在大气中含量很少，但变化很大，其变化范围为 0～4％。大气中水汽主要来自地表海洋和江河湖等水体表面蒸发和植物体的蒸腾，并通过大气垂直运动输送到大气高层。因而大气中水汽含量自地面向高空逐渐减少，水汽绝大部分集中在低层，有 1/2 的水汽集中在 2km 以下，3/4 的水汽集中在 4km 以下，10～12km 高度以下的水汽约占全部水汽总量的 99％。大气中水汽含量在水平方向上也有差异，一般而言，海洋上空多于陆地，低纬多于高纬，湿润、植物茂密的地表多于干旱、植物稀疏的地表。

由于大气温度远低于水面的沸点，因而水在大气中有相变效应。水汽含量在大气中变化很大，是天气变化的主要角色，云、雾、雨、雪、霜、露等都是水汽的各种形态。水汽能强烈地吸收地表发出的长波辐射，也能放出长波辐射，水汽的蒸发和凝结又能吸收和放出潜热，这都直接影响地面和空气的温度，影响大气的运动和变化。

3. 杂质和微粒

大气中除了气体成分以外，还有很多的液体和固体杂质、微粒。杂质是指来源于火山爆发、尘沙飞扬、物质燃烧的颗粒、流星燃烧所产生的细小微粒和海水飞溅扬入大气后而被蒸发的盐粒，还有细菌、微生物、植物的孢子花粉等。它们多集中于大气的底层。其中大的颗粒很快降回地表或被降水冲掉，小的微粒通过大气垂直运动可扩散到对流层高层，甚至平流层中，能在大气中悬浮1~3年，甚至更长时间。大气杂质对太阳辐射和地面辐射具有一定吸收和散射作用，影响大气温度变化。杂质大部分是吸湿性的，往往成为水汽凝结核心。

液体微粒，是指悬浮于大气中的水滴、过冷水滴和冰晶等水汽凝结物。

大气中杂质、微粒聚集在一起，直接影响大气的能见度。但它能充当水汽凝结的核心，加速大气中成云致雨的过程；它能吸收部分太阳辐射，又能削弱太阳直接辐射和阻挡地面长波辐射，对地面和大气的温度变化产生了一定的影响。

3.1.4 城市大气环境

随着城市化、工业化步伐加快，在城市或城市群中由于人类对资源开发利用的强度大，人口密集，其空气的组成成分和其他地域有较大的不同，主要是增加了多种有害成分。因此就形成了城市大气环境。城市大气环境是人类利用和改造自然环境创造出来的、高度人工化的城市环境和大气自然环境等诸要素的结合。根据城市地域组织的功能与地域、气象、污染源等诸要素的不同，可以把城市大气环境划分为不同的功能区。城市某区域的大气环境功能是指该区域空间的大气污染物保持在某种浓度范围的能力，是对该区域进行开发利用大气环境可能的承载能力。

除了大气环流、地理经纬度、大的地形地貌等自然条件基本不变外，城市气候在气温、湿度、云雾状况、降水量、风速等方面都发生了变化。典型的城市大气环境特征有城市热岛效应、城市峡谷效应、阳伞效应。

1. 城市热岛效应

城市热岛效应（图3.2）是指城市因大量的人工发热、建筑物和道路等高蓄热体及绿地减少等因素，造成城市中的气温明显高于外围郊区的现象，其强度以城市平均气温与郊区平均气温之差来表示。一般大城市年平均气温比郊区高0.5~1℃，冬季平均最低气温高1~2℃，城市中心区气温通常比郊区高出2~3℃，最大可相差5℃。热岛效应是由于人们改变城市地表而引起小气候变化的综合现象，在冬季最为明显，夜间也比白天明显，是城市气候最明显的特征之一。

城市热岛效应形成的主要原因如下：

（1）城市内拥有大量的锅炉、加热器等耗能装置，以及各种机动车辆。这些机器和人类生活活动都耗散大量能量，其中大部分以热能形式传给城市大气空间。工厂生产、交通运输以及居民生活都需要燃

图3.2　城市热岛效应示意图

烧各种燃料，每天都在向外排放大量的热量。

（2）城区大量的建筑物和道路构成以砖石、水泥和沥青等材料为主的下垫层，其热容量、热导率比邻区自然界的下垫层要大得多，而对太阳光的反射率低、吸收率大。

（3）由于城区下垫层保水性差，水分蒸发散耗的热量少，所以城区潜能大，温度也高。

（4）城区密集的建筑群、纵横的道路桥梁，构成较为粗糙的城市下垫层，因而对风的阻力大，风速降低，热量不易散失。

（5）城市大气污染使得城区空气质量下降，烟尘、硫氧化物、氮氧化物、二氧化碳含量增加。城市中的机动车、工业生产以及居民生活产生了大量的氮氧化物、二氧化碳和粉尘等排放物。这些物质会吸收下垫面热辐射，产生温室效应，从而引起大气进一步升温。这些物质都是红外辐射的良好吸收者，致使城市大气吸收较多的红外辐射而升温。

2．城市峡谷效应

当气流由开阔地带流入峡谷时，空气被压缩，风速便增大，空气会加速流过峡谷。当流出峡谷时，空气流速又会减缓。这种峡谷地形对气流的影响，称为峡谷效应。

城市中，由于整齐划一的建筑物的影响，形成类似峡谷的气流运动，称为城市峡谷效应。城市峡谷效应指的是周边有公交干道或工厂，以及高楼密集的住宅在街道风的作用下，含有灰尘的气流不是平稳移动，而是在高楼之间的某个区间上下"徘徊"。近地面的污染物随气流上升到一定高度后又向下或水平方向消散。这个高度在30m左右，也就是9～11层之间。

3．阳伞效应

阳伞效应是由烟尘增多形成的。人类的生产与生活活动，导致大气中的烟尘越来越多。悬浮在大气中的烟尘，一方面将部分太阳辐射反射回宇宙空间，削弱了到达地面的太阳辐射能，使地面接收的太阳能减少；另一方面吸湿性的微尘又作为凝结核，促使周围水汽在它上面凝结，导致低云、雾增多。这种现象类似于遮阳伞，因而称阳伞效应。阳伞效应的产生使地面接收太阳辐射能减少且阴、雾天气增多，影响城市交通等。

大气中烟尘的出现有自然原因和人为原因。前者如火山喷出大量尘埃和海水浪花飞溅将各种盐分带入大气中；后者如工业、交通运输和生活中燃烧化石燃料排放的烟尘。此外，农业生产和植被破坏等，产生许多灰尘由地面进入大气环境，使悬浮在大气中的颗粒物大大增加。这些气溶胶粒子会吸收和反射太阳辐射，减少紫外线通过，使到达地面的太阳辐射大大减弱，导致地面温度降低。大气中气溶胶粒子增加，增多了凝结核，使云量、降水量以及起雾频率增多，对地表也起冷却作用。据联合国政府间气候变化委员会的评估报告，包括人类活动在内造成的地球大气中的烟尘粒子的阳伞效应，其降温值相当于全球温室效应升温值的20％。温室效应使全球变暖，而阳伞效应使全球变冷，只不过变冷程度远不如变暖。

知识拓展：你了解"雾霾"吗？

雾霾，是雾和霾的组合词，中国不少地区将雾并入霾一起作为灾害性天气现象进行预警预报，统称为"雾霾天气"。人们常将两者混为一谈，实际上两者是有区别的。

雾是在相对高的空气湿度下，在贴近地面的空气中形成的几微米到 100μm、肉眼可见的微小水滴的悬浮体，看起来呈乳白色或青白色。而霾是悬浮在空中肉眼无法分辨的大量几微米以下的微粒。雾其实是一种无毒无害的自然现象，而霾的形成主要是空气中悬浮的大量微粒和气象条件共同作用的结果。雾霾常常相伴而生，雾霾同时出现，水汽、静风、逆温、凝结核等条件缺一不可。雾霾天气是一种大气污染状态，雾霾是对大气中各种悬浮颗粒物含量超标的笼统表述。二氧化硫、氮氧化物和可吸入颗粒物是雾霾的主要组成。前两者为气态污染物，可吸入颗粒物才是加重雾霾天气污染的罪魁祸首。它们与雾气结合在一起，让天空瞬间变得灰蒙蒙。颗粒物的英文缩写为 PM，$PM_{2.5}$ 也就是空气动力学当量直径小于等于 2.5μm 的污染物颗粒，这种颗粒本身既是一种污染物，又是重金属、多环芳烃等有毒物质的载体。

　　一般相对湿度小于 80% 时的大气混浊，视野模糊导致的能见度恶化是霾造成的，相对湿度大于 90% 时的大气混浊，视野模糊导致的能见度恶化是雾造成的，相对湿度介于 80%～90% 时的能见度恶化是雾和霾的混合物共同造成的，但其主要成分是霾。

3.2　大气污染及其危害

3.2.1　大气污染

　　大气污染是指大气中污染物质的浓度达到有害程度，以致破坏生态系统和人类正常生存和发展的条件，对人和物造成危害的现象。大气污染由污染源、大气圈和受影响者三个环节组成。城市大气污染是指因城市特殊的下垫面条件和边界层结构以及污染源集中而造成的空气污染。在城市的生产和生活中，向自然界排放的各种空气污染物，超过了自然环境的自净能力，给人类的身体、生产和生活带来危害。我国城市的空气污染仍为煤烟型为主，主要污染物是二氧化硫、二氧化碳和烟尘。

　　城市大气污染有一个相当长时期的形成和发展过程。城市大气污染开始于 18 世纪 60 年代资本主义工业革命时期，当时煤炭在全世界得到了大规模的应用。例如，英国的煤炭产量从 1760 年的五六百万吨，迅速增加到 1860 年的 8000 万 t。尤其是近百年来，由于现代科学和工业的出现和发展，城市规模越来越大，城市中的工业以及居住人口越来越多，因而生产和生活用煤主要消费于城市，单位时间内排入大气的煤烟量相应地增多，加之工厂生产过程漏出和逸散的各种有害有毒气体，使城市常年笼罩在烟雾弥漫之中，大气受到了严重的污染。后来石油也作为主要燃料得到大规模的应用，使大气污染变得更加复杂和严重。据统计，20 世纪 80 年代中期，大约有 13 亿人口（大部分在发展中国家）所生活的城市大气达不到世界卫生组织（World Health Organization，WHO）规定的标准，全世界 1/5 人口生活在不安全的大气污染中，据估计，它导致 30 万～70 万人过早死亡，同时造成重大损失。墨西哥城的空气被 250 万辆机动车和 13 万个工厂所污染，呼吸这里的空气相当于一天吸两盒烟所造成的危害。20 世纪中叶以来，大气污染已由中等规模向大

规模扩展，由区域性问题变为全球性问题，特别是硫氧化物和氮氧化物排放增加引起酸雨问题，成为全世界共同关注的环境问题。

3.2.2　城市大气污染来源

城市大气污染来源可分为天然来源和人为来源两大类。前者是由于自然界的自身原因所引起的，例如火山爆发、森林火灾引起的空气污染。后者是由于人们从事生产和生活活动而产生的污染。生产和生活活动是造成城市大气污染的主要原因。人为污染来源主要有以下几种：

（1）生产性污染，这是大气污染的主要来源，包括：①燃料的燃烧；②生产过程排出的烟尘和废气等污染物。污染物的种类与生产性质和工艺过程有关。

（2）由生活炉灶和采暖锅炉耗用煤炭产生的烟尘、二氧化硫等有害气体。

（3）交通运输性污染，如汽车、火车、轮船和飞机等排出的尾气。

3.2.3　城市大气污染物

随着人类社会生产力的高度发展，城市中的大气污染导致各种污染物大量进入城市大气中。大气中污染物已经产生危害，受到人们关注的污染物大致有 100 种，主要污染物见表 3.2。其中影响范围广，对人类环境威胁较大的主要是煤粉尘、一氧化碳、碳化氢、硫化氢和氨等。

表 3.2　　　　　　　　　　　　　城市主要的大气污染物

分　类	成　　分
粉尘微粒	碳粒、飞灰、碳酸钙（$CaCO_3$）、氧化锌（ZnO）、二氧化铅（PbO_2）、$PM_{2.5}$、PM_{10} 等
硫化物	二氧化硫（SO_2）、三氧化硫（SO_3）、硫酸雾（H_2SO_4）等
氮化物	一氧化氮（NO）、二氧化氮（NO_2）、氨气（NH_3）等
卤化物	氯气（Cl_2）、氟气（F_2）、氯化氢（HCl）、氟化氢（HF）等
碳氧化物	一氧化碳（CO）
氧化剂	臭氧（O_3）、过氧乙酰硝酸酯（PAN）等

污染物根据其在大气中的物理状态，可分为气态和颗粒状态两类存在形式。颗粒污染物又称气溶胶状态污染物，在大气污染中，气溶胶是指沉降速度可以忽略的小固体粒子、液体粒子或它们在气体介质中的悬浮体系。气溶胶按照来源和物理性质，可分为粉尘、烟、飞灰、黑烟、雾。气态污染物是在常态、常压下以分子状态存在的污染物。气态污染物包括气体和蒸汽，常见的气态污染物有 CO、SO_2、NO_2、NH_3、H_2S、挥发性有机化合物（VOCs）、卤素化合物等。

颗粒污染物净化过程是气溶胶两相分离，由于污染物颗粒与载气分子颗粒大小差异，作用在两者上的外力（质量力、势差力等）差异很大，利用这些外力的不同，可实现污染物颗粒与载气分子颗粒的分离。常见的颗粒物净化技术为除尘技术，它是将颗粒物从废气中分离出来并加以回收的操作过程。

气态污染物与载气呈均相分散状态，作用在两类分子上的外力差异很小，只能通过污染物与载气系统物理、化学或生物性质的差异（沸点、溶解度、吸附性、反应性、氧化性等），实现分离或转化。常用的方法有吸收法、吸附法、催化法、燃烧法、冷凝法、膜分离法和生物净化法等。

3.3 大气污染防治措施

3.3.1 大气污染治理的主要工艺

3.3.1.1 除尘

除尘技术是治理烟（粉）尘的有效措施。除尘器按照作用原理分为机械除尘器、湿式除尘器、袋式除尘器和静电除尘器。

选择除尘器应主要考虑如下因素：烟气及粉尘的物理、化学性质；烟气流量、粉尘浓度和粉尘允许排放浓度；除尘器的压力损失和除尘效率；粉尘回收、利用的价值及形式；除尘器的投资和运行费用；除尘器占地面积和设计使用寿命；除尘器的运行维护要求。

（1）机械除尘器。是采用机械力（重力、离心力等）将气体中所含颗粒污染物沉降的除尘器，包括重力沉降室、惯性除尘器和旋风除尘器等。机械除尘器用于处理密度较大、颗粒较粗的粉尘，在多级除尘工艺中作为高效除尘器的预除尘。重力沉降室适用于捕集粒径大于 $75\mu m$ 的尘粒，惯性除尘器适用于捕集粒径 $20\sim30\mu m$ 以上的尘粒，旋风除尘器适用于捕集粒径 $5\mu mm$ 以上的尘粒。

（2）湿式除尘器。是喷淋液体洗涤含尘气体，利用形成的液滴、液膜或鼓泡等方式将颗粒污染物从气体中洗出去的除尘器。包括喷淋塔、填料塔、筛板塔（又称泡沫洗涤器）、湿式水膜除尘器、喷射式除尘器和文丘里式除尘器等。这种除尘器适于处理高温、高湿、易燃、易爆的含尘气体，对雾滴也有很好的去除效果，此外在除尘的同时还能去除部分气态污染物，通常只能除去粒径大于 $10\mu m$ 的尘粒。

（3）袋式除尘器。是让含尘气体通过用棉、毛或人造纤维等制成的过滤袋来滤去粉尘的除尘器。具有除尘效率高（一般高达 99% 以上），可处理不同类型的颗粒污染物，操作弹性大，入口气体含尘量有较大变化时对除尘效率影响也很小，但袋式除尘器应用受到滤布的耐高温、耐腐蚀性能的限制。对于黏结性强和吸湿性强的尘粒，有可能在滤袋上黏结，堵塞滤袋的孔隙。

（4）静电除尘器。是利用尘粒通过高压直流电晕吸收电荷后在静电力的作用下从气流中分离的除尘器。包括板式静电除尘器和管式静电除尘器。静电除尘器适用于处理大风量的高温烟气，对粒径很小的尘粒具有较高的去除效率，几乎可以捕集一切细微粉尘及雾状液滴，其捕集粒径范围为 $0.01\sim100\mu m$。

3.3.1.2 吸收

吸收法净化气态污染物就是利用混合气体中各成分在吸收剂中的溶解度不同，或与吸收剂中的组分发生选择性化学反应，分离气体混合物的方法，是治理气态污染物的常用方法。主要用于吸收效率和速率较高的有毒有害气体的净化，尤其是对于大气量、低浓度的气体多使用吸收法。吸收法使用最多的吸收剂是水，一是价廉，二是资源丰富。只有在一些特殊场合使用其他类型的吸收剂。

1. 吸收剂的选择

选择吸收剂时，要考虑以下因素：

（1）具有比较适宜的物理性质。

（2）具有良好的化学性质。

（3）廉价易得，最好能就地取材，易于再生重复使用。

（4）有利于有害物质的回收利用。

2. 吸收装置

吸收装置应具有较强的处理能力，操作稳定可靠，有较大的有效接触面积和处理效率，较高的界面更新强度，良好的传质条件，较小的阻力和较高的推动力。常用的吸收装置有填料塔、喷淋塔、板式塔、鼓泡塔、湍球塔和文丘里塔等。

选择吸收塔时应遵循以下原则：

（1）填料塔用于小直径塔及不易吸收的气体，不宜用于气液相中含有较多固体悬浮物的场合。

（2）板式塔用于大直径塔及容易吸收的气体。

（3）喷淋塔用于反应吸收快、含有少量固体悬浮物、气体量大的吸收工艺。

（4）鼓泡塔用于吸收反应较慢的气体。

3.3.1.3　吸附

吸附法是利用多孔性固体吸附剂来处理气态（或液态）混合物，使其中的一种或几种组分在固体表面未平衡的分子引力或化学键力的作用下被吸附在固体表面，从而达到分离的目的。主要依靠固体吸附剂对气体混合物中各组分吸附选择性的不同来分离气体混合物，主要适用于低浓度有毒有害气体的净化。

吸附法在环境工程中得到广泛的应用，是由于吸附过程能有效地捕集浓度很低的有害物质，因此，当采用常规的吸收法去除液体或气体中的有害物质特别困难时，吸附可能就是比较满意的解决办法。吸附工艺分为变温吸附和变压吸附。

1. 吸附装置

常用的吸附设备有固定床、移动床和流化床。

2. 吸附剂的选择

常用的吸附剂包括：活性炭（包括活性炭纤维）、分子筛、活性氧化铝和硅胶等。选择吸附剂时，应遵循以下原则：

（1）比表面积大，孔隙率高，吸附容量大。

（2）吸附选择性强。

（3）有足够的机械强度、热稳定性和化学稳定性。

（4）易于再生。

（5）原料来源广泛，价廉易得。

3. 再生

吸附剂的容量有限，当吸附剂达到饱和或接近饱和时，必须对其进行再生操作。常用

的再生方法有升温、降压、吹扫、置换脱附和化学转化等方式或几种方式的组合。

3.3.1.4 催化燃烧

催化燃烧法净化气态污染物是利用固体催化剂在较低温度下将废气中的污染物通过氧化作用转化为二氧化碳和水等化合物的方法。适用于由连续、稳定的生产工艺产生的固定源气态及气溶胶态有机化合物的净化，净化效率不应低于 97%。根据废气加热方式的不同，分为常规催化燃烧工艺和蓄热催化燃烧工艺。用于催化燃烧的催化剂主要有以三氧化二铝（Al_2O_3）为载体的催化剂（蜂窝陶瓷钯催化剂、蜂窝陶瓷铂催化剂、稀土催化剂等）和以金属为载体的催化剂（镍铬丝蓬体球钯催化剂、铂钯镍铬带状催化剂、不锈钢丝网钯催化剂等）。

3.3.1.5 热力燃烧

热力燃烧法（包括蓄热燃烧法）净化气态污染物是利用辅助燃料燃烧产生的热能、废气本身的燃烧热能，或者利用蓄热装置所储存的反应热能，将废气加热到着火温度，进行氧化（燃烧）反应，有害组分经过充分的燃烧，氧化成二氧化碳（CO_2）和水（H_2O）。适用于处理连续、稳定生产工艺产生的有机废气。目前的热力燃烧系统通常使用气体或者液体燃料进行辅助燃烧加热。

3.3.1.6 其他处理方法

1. 催化转化法

催化转化法是利用催化剂的催化作用，使废气中的有害组分发生化学反应（氧化、还原、分解），并转化为无害物质或易于去除物质的一种方法。包括催化燃烧（氧化）、催化还原、催化分解。选择合适的催化剂是催化转化法的关键，催化转化时使待处理气体通过催化剂床层，在催化剂的作用下，有毒、有害组分发生化学反应。

2. 冷凝法

冷凝法是采用降低系统温度或提高系统压力的方法使气态污染物冷凝并从废气中分离出来的过程。它尤其适用于处理含浓度较高且有回收价值的有机气态污染物。单纯的冷凝法往往达不到规定的分离要求，故此方法常作为净化高浓度废气的预处理过程。

3. 生物净化法

生物净化法是利用微生物的生化反应，使气态中的污染物降解，从而达到气体净化的目的。生物净化法主要用于有机污染物和部分无机污染物的去除。生物净化法的原理是利用微生物的生化作用使外界物质转化为代谢产物、二氧化碳和水，并使部分外界物质转化为自身的细胞物质。

生物净化法是让废气与由微生物、营养物和水组成的悬浮液接触，或与表面长有微生物膜的固体物料接触，吸收和降解废气中的有毒、有害组分。

4. 等离子体净化法

利用等离子体净化气态污染物是 20 世纪 70 年代开始研究的。等离子体被称为物质的第四种状态，由电子、离子、自由基和中性粒子组成，是导电性流体。等离子体中存在许多具有极高化学活性的粒子，使得很多需要更高化学能的化学反应能够发生。等离子体中的大量活性粒子能使难降解的污染物转化，是一种效能高、能耗低、适用范围广的气态污染物净化手段。

3.3.2　主要气态污染物的治理工艺

3.3.2.1　二氧化硫

二氧化硫是大气污染物中数量最大、影响面广的主要气态污染物。大气中的二氧化硫主要来自大型燃烧过程，以及硫化物矿石的焙烧、冶炼等加工过程，其中最典型的是火力发电厂烟气，虽然含硫浓度较低，但总量很大，造成严重大气污染。烟气脱硫根据使用脱硫剂的形态可分为干法脱硫和湿法脱硫。干法脱硫采用粉状和粒状吸收剂、吸附剂或催化剂等脱除烟气中的二氧化硫，湿法脱硫是采用液体吸收剂洗涤烟气，以去除二氧化硫。干法脱硫净化后的烟气温度降低较少，从烟囱排出时易于扩散，无废水产生二次污染问题。湿法脱硫效率高，易于操作控制，但存在废水的后处理问题，且由于洗涤过程中烟气温度降低较多，不利于烟囱排放扩散稀释，易造成污染。常用工艺包括石灰石/石灰-石膏法、烟气循环流化床法、氨吸收法、镁法、海水法、吸附法、炉内喷钙法、旋转喷雾法、有机胺法、氧化锌法和亚硫酸钠法等。其中石灰石/石灰-石膏法、海水法、烟气循环流化床法、回流式循环流化床法比较成熟，是常用的主流技术。

1. 石灰石/石灰-石膏法

采用石灰石（$CaCO_3$）、生石灰（CaO）或消石灰［$Ca(OH)_2$］的乳浊液为吸收剂吸收烟气中的二氧化硫，吸收生成的硫酸钙（$CaSO_3$）经空气氧化后可得到石膏。脱硫效率达到 80% 以上，因石灰石来源广、价格低，是应用最为广泛的脱硫技术。

典型石灰石/石灰-石膏法脱硫工艺流程如图 3.3 所示。

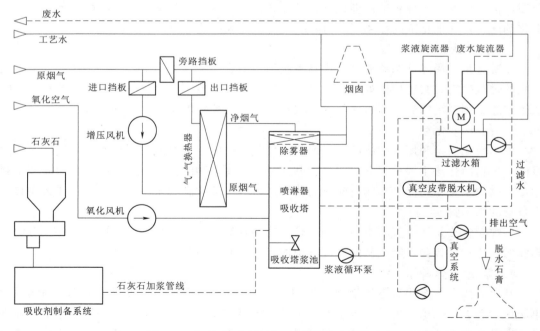

图 3.3　典型石灰石/石灰-石膏法脱硫工艺流程

在资源落实的条件下，优先选用石灰石作为吸收剂。为保证脱硫石膏的综合利用及减

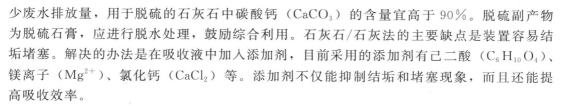

少废水排放量，用于脱硫的石灰石中碳酸钙（$CaCO_3$）的含量宜高于90%。脱硫副产物为脱硫石膏，应进行脱水处理，鼓励综合利用。石灰石/石灰法的主要缺点是装置容易结垢堵塞。解决的办法是在吸收液中加入添加剂，目前采用的添加剂有己二酸（$C_6H_{10}O_4$）、镁离子（Mg^{2+}）、氯化钙（$CaCl_2$）等。添加剂不仅能抑制结垢和堵塞现象，而且还能提高吸收效率。

2. 氨吸收法

氨吸收法是用氨基物质作为吸收剂，脱除烟气（或废气）中的二氧化硫并回收副产物（硫酸铵等）的湿式烟气脱硫工艺。氨吸收法吸收剂的再生方法有热解法、氧化法和酸化法。氨-酸法具有工艺成熟、方法可靠、所用设备简单、吸收剂价廉、操作方便等优点，其副产物为氮肥，实用价值高。但该方法需耗用大量的氨和硫酸等，对缺乏这些原料来源的冶金、电力等生产部门来说，应用有一定限制。

3. 海水法

海水法是利用天然海水的酸碱缓冲能力及吸收酸性气体的能力来吸收二氧化硫的工艺。在吸收塔中，烟气中的二氧化硫与喷淋海水相接触，二氧化硫溶于水中并转化成亚硫酸（H_2SO_3），亚硫酸水解成大量氢离子（H^+）使海水的pH值下降。海水脱硫法利用天然纯海水作为吸收剂，工艺简单，无结垢、无堵塞现象，但产生的废弃物会对海洋生态产生影响。海水法烟气脱硫工艺系统主要由海水输送系统、烟气系统、吸收系统、海水水质恢复系统和监控调节系统等组成。

4. 烟气循环流化床法

在循环流化床反应器内，以钙基物质或其他碱性物质作为吸收剂、循环流化床作为吸收反应器，脱除二氧化硫的方法。典型的CFB-FGD系统由预电除尘器系统、吸收剂制备及供应系统、吸收塔系统、脱硫灰再循环系统、注水系统、脱硫除尘器系统以及仪表控制系统等组成。循环流化床烟气脱硫的主要优点是脱硫剂反应停留时间长及对锅炉负荷变化的适应性强，脱硫效率高，不产生废水，不受烟气负荷限制。

3.3.2.2 氮氧化物

大气污染物中，氮氧化物的量比较大，仅次于二氧化硫，能促进酸雨的形成，对动物的呼吸系统危害较大。煤燃烧和机动车的油燃烧过程是主要的工业生产中氮氧化物形成源。煤燃烧过程中，主要通过低氮燃烧器从根本上减少氮氧化物的排放，当采用低氮燃烧器后氮氧化物的排放仍不达标的情况下，燃煤烟气还须采用烟气处理控制技术；机动车的尾气排放时，主要通过催化转化工艺控制氮氧化物的排放。

1. 低氮燃烧技术

低氮燃烧技术是通过改变燃烧设备的燃烧条件来降低氮氧化物的形成，是通过调节燃烧温度、烟气中的氧的浓度、烟气在高温区的停留时间等方法来抑制氮氧化物的生成或破坏已生成的氮氧化物。低氮燃烧技术常用的方法有低氮燃烧器（LNB）、烟道气循环燃烧法、燃料直接喷射燃烧法（FDI）、催化助热燃烧法（CST）等。

2. 燃烧后烟气处理控制技术

目前对燃烧后烟气处理控制技术可分为湿法技术和干法技术两大类。干法技术包括选择性催化还原法、催化分解法、选择性非催化还原法、吸附法和等离子法；湿法技术包括酸吸收、碱吸收、氧化吸收和化学吸收-生物还原法等。

（1）湿法技术。湿法脱除氮氧化物技术是利用液相化学试剂将烟气中的氮氧化物吸收并将之转化为较稳定的其他物质。通常应用于烟气中含有较少氮氧化物的脱除，它的优点在于易实现二氧化硫和氮氧化物的同时脱除，而且脱除氮氧化物效率较高（90%）。湿法吸收氮氧化物的方法较多，应用也较广。氮氧化物可以用水、碱溶液、稀硝酸、浓硫酸吸收。由于一氧化氮极难溶于水或碱溶液，必须采用氧化、还原或络合吸收的办法将一氧化氮转化为二氧化氮以提高一氧化氮的净化效果。

（2）干法技术。干法脱除氮氧化物技术是国际上应用最广泛的脱硝技术。干法脱除技术根据脱除氮氧化物机理一般可以分为分解法、辐射法以及还原法。

分解法是使一氧化氮直接分解为氮气（N_2）和氧气（O_2）。这个分解反应在低温下按热力学理论分析是可行的，但在动力学上该反应的反应速率非常低，所以必须要有合适的催化剂提高一氧化氮分解速率才能实现分解。

辐射法是利用电子束来辐射烟气，使烟气中的水蒸气、氧等分子激发产生高能自由基，并与一氧化氮和二氧化硫发生反应，同时脱除烟气中氮氧化物和硫氧化物的方法。

还原法是采用添加还原剂将烟气中的氮氧化物还原为无害的 N_2 的方法，是目前研究最多、技术最成熟、应用最广泛的一种干法烟气脱硝技术。按照反应机理还原法又可分为选择性非催化还原（SNCR）技术和选择性催化还原（SCR）技术，两者的主要还原产物是无污染的氮气（N_2）和水（H_2O）。

选择性非催化还原（SNCR）技术是将氨气（NH_3）或尿素 $[CO(NH_2)_2]$ 注入燃烧器的上部，在此区域内不存在催化剂的条件下，NH_3 选择性地与 NO_x 反应生成 N_2 和 H_2O。以 NH_3 为还原剂的 SNCR 技术主要包括以下反应

$$6NO+4NH_3 =\!=\!= 5N_2+6H_2O$$
$$6NO_2+8NH_3 =\!=\!= 7N_2+12H_2O$$

SNCR 技术可以获得稳定的 NO_x 脱除率，但在采用 SNCR 技术时反应过程中 NO_x 转化率和反应操作条件（温度、NH_3/NO_x、停留时间、O_2 浓度）有很大关系。SNCR 技术在工业上是一种经济有效的脱除 NO_x 方法，很容易和现有工业锅炉匹配，设备费用低，常应用于电站锅炉、工业锅炉、市政垃圾焚烧炉和其他燃烧装置。

选择性催化还原（SCR）技术是目前国际上应用最广的烟气脱除 NO_x 技术。SCR 技术是在有氧气存在时，在催化剂作用下还原剂优先与烟气中的 NO 反应的催化方法，作为还原剂的气体主要有 NH_3、CO 以及碳氢化合物。以 NH_3 为还原剂的 NO_x 脱除技术是目前研究最多、应用最广的烟气 NO_x 脱除技术。

SCR 反应过程是在催化剂参与作用下，通过加入还原剂（NH_3）把 NO_x 还原为氮气（N_2）和水（H_2O）。影响 SCR 反应的操作条件有：反应温度、NH_3/NO_x、O_2 浓度、反应气氛等。

SCR 技术的主要反应机理是

$$4NO+4NH_3+O_2 =\!=\!= 4N_2+6H_2O$$

该方法存在催化剂的时效和烟气中残留氨的问题。为了增加催化剂的活性，应在 SCR 前加高效除尘器。

3.3.2.3 挥发性有机物（VOCs）

挥发性有机物（VOCs）是一类重要的空气污染物，包括烃类、卤代烃、芳香烃、多环芳香烃、醇类、酮类、醛类、醚类、酸类和胺类等。VOCs来源广泛，主要污染源包括工业源、生活源。国内外挥发性有机化合物的基本处理技术主要有两类：①回收类方法，主要有吸附法、吸收法、冷凝法和膜分离法等；②消除类方法，主要有燃烧法、生物法、催化氧化法等。

1. 回收类方法

（1）吸附法。吸附法是目前使用最为广泛的VOCs回收法，该法已经在制鞋、喷漆、印刷、电子行业得到广泛应用。适用于低浓度挥发性有机化合物废气的有效分离与去除。颗粒活性炭和活性炭纤维在工业上应用最广泛。由于每单元吸附量有限，宜与其他方法联合使用。

（2）吸收法。吸收法适用于废气流量较大、浓度较高、温度较低和压力较高的挥发性有机化合物废气的处理。工艺流程简单，可用于喷漆、绝缘材料、黏结、金属清洗和化工等行业应用。目前主要用吸收法来处理苯类有机废气。

（3）冷凝法。冷凝法适用于高浓度的挥发性有机化合物废气回收和处理，属高效处理工艺，常作为降低废气有机负荷的前处理方法，与吸收法、吸附法、燃烧法等其他方法联合使用，回收有价值的产品。

（4）膜分离法。膜分离法是指采用半透性的聚合膜从废气中分离有机废气，一般要求挥发性有机化合物废气体积分数在0.1%以上。适用于较高浓度挥发性有机化合物废气的分离与回收，具有流程简单、能耗小、无二次污染等特点。

2. 消除类方法

（1）燃烧法。目前常用的燃烧法有直接燃烧法、催化燃烧法和浓缩燃烧法。适用于处理小风量、高浓度、连续排放的场合，可以处理可燃、在高温下可分解和在目前技术条件下还不能回收的挥发性有机化合物废气，燃烧法应回收燃烧反应热量，提高经济效益。采用燃烧法处理挥发性有机化合物废气时有燃烧爆炸危险，不能回收溶剂，同时要避免二次污染。

（2）生物法。生物法是利用微生物的新陈代谢过程对挥发性有机废气进行生物降解的方法。适用于在常温、处理低浓度、生物降解性好的各类挥发性有机化合物废气，对其他方法难处理的含硫、氮、苯酚和氰等的废气可采用特定微生物氧化分解的生物法。

1）生物过滤法。适用于处理气量大、浓度低和浓度波动较大的挥发性有机化合物废气，可实现对各类挥发性有机化合物的同步去除，工业应用较为广泛。

2）生物洗涤法。适用于处理气量小、浓度高、水溶性较好和生物代谢速率较低的挥发性有机化合物废气。

3）生物滴滤法。适用于处理气量大、浓度低，降解过程中产酸的挥发性有机化合物废气，不宜处理入口浓度高和气量波动大的废气。

（3）催化氧化法。光催化氧化技术主要是利用二氧化钛的光催化性能，氧化吸附在催化剂表面的VOCs，生成二氧化碳和水。目前的研究表明，室内空气中的大多数VOCs都能被光催化氧化，然而关于其气相光催化降解的产物，却一直存在争议。理论上光催化能

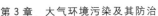

够完全氧化 VOCs, 但实际应用中 VOCs 的光催化反应可能会产生如醛酮、醇和酸等中间产物。

3.3.2.4 恶臭气体

恶臭气体的种类主要有五类: ①含硫的化合物, 如硫化氢、二氧化硫、硫醇、硫醚类等; ②含氮的化合物, 如胺、氨、酸胺等; ③卤素及衍生物, 如卤代烃等; ④氧的有机物, 如醇、酚、醛、酮、酸、酯等; ⑤烃类, 如烷、烯、炔烃以及芳香烃等。

目前, 恶臭气体的处理技术主要有三类: ①物理学法, 主要有水洗法、物理吸附法、稀释法和掩蔽法; ②化学法, 主要有药液吸收 (氧化吸收、酸碱液吸收) 法、化学吸附 (离子交换树脂、碱性气体吸附剂和酸性气体吸附剂) 法和燃烧 (直接燃烧和催化氧化燃烧) 法; ③生物学方法, 主要有生物过滤法、生物吸收法和生物滴滤法。

3.3.2.5 卤化物

在大气污染治理方面, 卤化物主要包括无机卤化物气体和有机卤化物气体。有机卤化物 (卤代烃类) 气体属挥发性有机化合物, 为重点关注的气态污染物质。有机卤化物气体治理技术参照挥发性有机化合物 (VOCs) 和恶臭气体的治理技术。重点控制的无机卤化物废气包括氟化氢 (HF)、四氟化硅 (SiF_4)、氯气 (Cl_2)、溴气 (Br_2)、溴化氢 (HBr) 和氯化氢 (HCl) 等。重点控制在化工、橡胶、制药、水泥、化肥、印刷、造纸、玻璃和纺织等行业排放废气中的无机卤化物。

卤化物气体的基本处理技术主要有物理化学类方法和生物学方法两类。物理化学类方法有固相 (干法) 吸附法、液相 (湿法) 吸收法和化学氧化脱卤法。生物学方法有生物过滤法、生物吸收法和生物滴滤法。对卤化物的治理, 多年来一直采用传统的塔器吸收, 它随着吸收塔技术的进步而改进。

3.3.2.6 甲醛 (CH_2O)

甲醛是一种无色易溶的刺激性气体, 可经呼吸道吸收。已经被世界卫生组织确定为可疑致癌和致畸形物质。目前家庭空气中的甲醛来源主要有: 室内装饰和家具使用的人造板材中的胶粘剂以甲醛为主要成分, 板材中残留的和未参与反应的甲醛会逐渐向周围环境释放, 是形成室内空气中甲醛的主体; 含有甲醛成分并有可能向外界散发的其他各类装饰材料, 如化纤地毯、泡沫塑料、油漆和涂料等。

目前, 治理和净化室内空气中甲醛的设备和技术主要有以下几种:

(1) 物理吸附技术, 主要是各种空气净化器。主要吸附空气中的悬浮物, 对室内甲醛等污染物也有一定的吸附作用。

(2) 催化技术。以催化为主, 结合超微过滤, 从而保证在常温常压下使多种有害有味气体分解成无害无味物质, 由单纯的物理吸附转变为化学吸附, 不产生二次污染。而且吸附材料的寿命是普通材料的 20 倍以上, 针对性较强, 可对室内甲醛等有害气体进行催化分解。目前市场上的有害气体吸附器和家具吸附宝都属于这类产品。

(3) 化学中和技术。利用各种除味剂和甲醛捕捉剂, 破坏甲醛、苯等有害气体的分子结构, 中和空气中的有害气体, 进而逐步清除。

(4) 空气负离子技术。主要选用具有明显热电效应的稀有矿物石为原料, 加入墙体材料中, 在与空气接触中, 可发生极化, 并向外放电, 起到净化室内空气的作用。

3.3.3　交通废气污染控制技术

目前，交通废气主要是机动车燃料燃烧后排放出来的尾气所致。汽车的主要燃料是汽油，少数汽车使用柴油或其他燃料。汽车发动机和柴油发动机工作时排放出的碳氢化合物及某些气体，是产生大气污染的一个很重要的因素。汽车排放污染物中含有大量的一氧化碳、碳氢化合物、氮氧化合物、二氧化硫、铝、炭微粒和其他杂质粉尘等。控制汽车尾气对大气的污染已引起世界各国的关注，不断颁布法规限制汽车尾气中有害物质的排放，同时开发多种净化技术。目前，国外对于交通废气排放的控制和治理主要有排气前和排气后两方面的处理技术。排气前处理技术包括对燃料进行处理，严格控制燃料中的铅、硫含量，改变燃料的成分和组成，改变添加剂，发展新的替代洁净燃料，防止汽油蒸发，等等。这些措施都与机动车的制造和使用相关，本书主要讲述排气后处理技术。交通废气排气后的处理技术主要是通过一些附加装置来实现的，如热反应器和催化转化器等。

3.3.3.1　热反应器

热反应器又称空气喷射反应器，其工作原理是通过空气泵将新鲜空气喷射到各气缸的排气门附近，利用排出燃气的高温，使排气中未燃烧的一氧化碳和碳氢化合物与空气中的氧气反应，生成无害的二氧化碳和水。为了加速热反应器中的反应速度和提高净化效果，必须保持尽可能高的排气温度，并使排气与氧充分混合，以及有足够的反应时间等。因此，通常把热反应器直接装在发动机燃烧室排气管的出口处，同时将反应器设计成双层结构，并在外壳和外筒之间填有绝热材料，使内筒尽可能保持高的温度。但热反应器需要采用一种能耐 800～1000℃高温和抗腐蚀的材料。目前使用的镍铬合金，寿命较长，但是造价高昂。

3.3.3.2　催化转化器

催化转化器的工作原理是利用催化剂的催化作用，使排气中的有害成分转化为无害的二氧化碳、水和氮气，从而达到净化目的。其优点是在较低的温度下有较高的净化效率。根据催化作用的不同类型，催化转化器可分为氧化催化转化器、还原催化转化器和三元催化转化器等。

1. 碳氢化合物和一氧化碳氧化催化转化器

这种装置是在氧化型催化剂的作用下，促进排气中的碳氢化合物和一氧化碳与排气中残留的氧，或者送入二次空气中的氧发生燃烧反应，生成二氧化碳和水。

2. 氮氧化物还原催化转化器

这种装置是在还原催化剂的作用下，以排气中的一氧化碳、碳氢化合物和氢气等或添加的氨作为还原剂，在催化剂氧化铜和氧化铬存在下，使氮氧化物还原成氮气。

还原氮氧化物要求在还原性气氛中进行，而净化碳氢化合物和一氧化碳又必须在氧化性条件下进行，这两者是互相矛盾的。因此要把还原催化转化器与氧化催化转化器串联起来使用，并使排气流沿轴向移动。采用这种装置，一般要使发动机的空燃比控制在13.5～14.0 这一范围内运转，先用还原催化剂将排气中的氮氧化物还原，然后喷入二次空气，在氧化型催化床中使一氧化碳和碳氢化合物氧化。

3. 三元催化转化器

三元催化转化器的催化剂为铂、锗、钯和钌等贵金属，其载体的形状分为粒状和片状。根据生产工艺的方便性，后者的应用较广泛。铂和铝为氧化剂，使碳氢化合物和一氧化碳发生氧化反应，生成水和二氧化碳。锗为还原剂，使氮氧化物脱氧，还原成氮气并释放出氧气。后者正好为碳氢化合物和一氧化碳的氧化提供了充分的条件。现三元催化转化器的最佳工作温度为 400～800℃，如果同时不配合使用氧传感器，则很快就会出现早期损坏，寿命大大缩短。稀土金属也具有与贵金属相同的一些特性，用它制成的催化转化器，虽然效果比贵金属差，但价格低得多；而且我国的资源相当丰富，目前这方面的开发研制已取得令人振奋的效果。

3.3.4　生活废气污染控制技术

3.3.4.1　居民生活废气控制技术

居民在日常生活过程中，炊事、沐浴等需要燃烧矿物燃料。燃料在燃烧后会排放大量烟气，是煤烟污染的又一主要污染源。据测算，同样 1t 煤，居民分散燃烧产生的烟尘量是工业集中燃烧烟尘量的 2～3 倍，其中飘尘是工业的 4～5 倍。

控制生活污染源产生的废气可采取区域供热、提高居民和商业能源效率、改变燃料结构等措施。

3.3.4.2　油烟废气处理技术

近年来，随着经济的发展和人们生活水平的提高，城市餐饮业快速发展的同时也向大气排放大量的油烟废气。

油烟是食用油及食品在高温下经过热氧化、热裂解和美拉德反应产生的大量挥发性物质，含有许多有毒有害成分。不同种类的食用油在高温下的热解产物有 200 多种，主要是醛类、酮类、烃、脂肪酸、芳香族化合物及杂环化合物等。油烟对呼吸道和肺部有一定的刺激作用，吸入者会出现咳嗽、胸闷、气短等症状。另外，油烟废气对基因突变、DNA 损伤、染色体损伤的危害也多有报道。

油烟处理技术主要有以下几种：

（1）机械分离法。利用惯性碰撞原理或旋风分离原理对油烟进行分离去除。油烟从切线方向进入净化设备，由于强烈旋转的离心力，油烟粒子被抛出，积聚成油珠后向下流至底部。

（2）湿式处理法。采用水或其他洗涤剂，以喷头喷洒的方式形成水膜、水雾来吸收油烟，使油烟由气相转移到液相中，从而达到净化的目的。油烟粒子与喷嘴喷出的水雾、水膜相接触，经过相互的惯性碰撞、滞留、细微颗粒的扩散和相互凝聚等作用，随水滴流下，从而使油烟粒子从气流中分离出来。这种设备结构简单、投资少、占地小、运行费用低、维修管理方便，但存在阻力大、产生油污水二次污染的缺点。净化效率一般在 82% 左右，湿式净化设备有水浴、冲激式、卧式旋风水膜、立式旋风水膜、文丘里管等很多种类。

（3）过滤法。油烟废气首先经过一定数目的金属格栅，大颗粒污染物被阻截；然后经过纤维垫等滤料后，颗粒物由于被扩散、截留而被脱除。通常选用的滤料材料为吸油性能高的高分子复合材料。这种设备投资少、运行费用低、无二次污染、维修管理方便，但有阻力大、占地大、需要经常更换滤料的缺点。净化效率一般在 80%～92%。由于滤料阻力很大且滤料需经常更换，过滤法净化设备的应用受到局限。

（4）活性炭吸附法。用粒状活性炭或活性炭纤维毡吸附油烟中的污染物粒子。这种设备的特点与过滤净化设备相似，但去除油烟异味分子的效果较好。主要缺点是活性炭成本较高。

（5）静电处理方法。通过高压电场使油烟离子荷电，利用电场力对带电粒子的吸引作用分离污染物。电场在外加高压的作用下，负极的金属丝表面或附近放出电子迅速向正极运动，与气体分子碰撞并离子化。油烟废气通过这个高压电场时，油烟粒子在极短的时间内因碰撞俘获气体离子而导致荷电，受电场力作用向正极集尘板运动，从而达到分离效果。这种设备的投资少、占地小、无二次污染、运行费用（主要表现为电费）低。由于易于捕捉粒径较小的粉尘，净化效率可高达 $85\% \sim 95\%$。

（6）催化剂燃烧法。在高温燃烧过程中通过催化剂将油烟污染物转化为无害物质。燃烧净化法的原理是利用高温燃烧所产生的热量进行氧化反应，把油烟废气中的污染物质转化为二氧化碳和水等物质，从而达到净化目的。在燃烧过程中，让油烟废气通过自净化催化剂，催化剂的催化反应有利于污染物的转化。据报道，日本已经开发出应用于烹调废气处理的催化剂，这些催化剂除了具有催化作用外，还有热渗透性远红外发射功能，能够改善烹调速度和菜肴的味、色。

知识拓展："雾霾"治理有新招

2013 年，内蒙古介电电泳应用技术研究院公布了一系列基于介电电泳放大应用技术研发的 PM$_{2.5}$ 处理技术。该研究院是世界上唯一成功实现介电电泳（Dielectrophoresis, DEP）产业化技术的研究机构，将介电电泳技术用于微米粒子和纳米粒子的捕获、富集还是世界首例，标志着大气污染治理增加了新的技术手段。该技术基于介电电泳对微米粒子和纳米粒子的极化和富集作用，利用在汽车发动机排出的水蒸气做电介质，使尾气中的颗粒物被介电极化。在汽车尾气方面开发出极低阻力的尾气催化/颗粒物捕获装置，可以使尾气 PM$_{2.5}$ 的排放浓度减少 80% 以上。

2014 年，中国旅美科技协会总会副会长郭光提出一种新技术：利用人工喷洒液态二氧化碳消除雾霾。郭光提出，利用液态二氧化碳进行人工降雨。将特制的液体二氧化碳喷射在云或雾的地方，让其在上升的同时水平方向周围扩散，使得云雾中的水汽降落形成雨水，实现人工降雨。要实现人工除雾霾，可以通过飞机喷洒液态二氧化碳进行人工降雨洗刷空气，也可以通过汽车直接向大气中喷洒将雾霾同时清除。雾霾影响健康，同时对机场和高速公路造成安全隐患，通过此项技术，可以快速有效清除雾霾。据介绍，此技术前期设计、研制、试验基本完成，并在美国、欧洲、日本进行过消雾和降雨试验，很快将投入试生产。

3.4 大气污染防治相关法律、标准规范及技术政策

3.4.1 法律

《中华人民共和国大气污染防治法》。1987 年 9 月 5 日第六届全国人民代表大会常务

委员会第二十二次会议通过，根据 1995 年 8 月 29 日第八届全国人民代表大会常务委员会第十五次会议《关于修改〈中华人民共和国大气污染防治法〉的决定》第一次修正，2000年 4 月 29 日第九届全国人民代表大会常务委员会第十五次会议第一次修订，2015 年 8 月29 日第十二届全国人民代表大会常务委员会第十六次会议第二次修订，根据 2018 年 10月 26 日第十三届全国人民代表大会常务委员会第六次会议《关于修改〈中华人民共和国野生动物保护法〉等十五部法律的决定》第二次修正。

3.4.2　环境质量标准

我国现行大气环境质量标准见表 3.3。

表 3.3　　　　　　　　　　　大气环境质量标准

序号	标　准　名　称	标准编号	发布时间	实施时间
1	室内空气质量标准	GB/T 18883—2002	2002 – 11 – 19	2003 – 03 – 01
2	环境空气质量标准	GB 3095—2012	2012 – 02 – 29	2016 – 01 – 01

3.4.3　污染物排放（控制）标准

污染物排放（控制）标准有综合类排放标准（含大气、水、固体废物、噪声等）和水、大气、固体废物和噪声等具体方面的污染物排放标准。我国现行部分综合类排放标准见表 3.4，现行大气污染物排放（控制）标准见表 3.5。

表 3.4　　　　　　　综合类排放标准（含大气、水、固体废物、噪声等）

序号	标　准　名　称	标准编号	发布时间	实施时间
1	畜禽养殖业污染物排放标准	GB 18596—2001	2001 – 12 – 28	2003 – 01 – 01
2	味精工业污染物排放标准	GB 19431—2004	2004 – 01 – 18	2004 – 04 – 01
3	啤酒工业污染物排放标准	GB 19821—2005	2005 – 07 – 18	2006 – 01 – 01
4	煤炭工业污染物排放标准	GB 20426—2006	2006 – 09 – 01	2006 – 10 – 01
5	电镀污染物排放标准	GB 21900—2008	2008 – 06 – 25	2008 – 08 – 01
6	合成革与人造革工业污染物排放标准	GB 21902—2008	2008 – 06 – 25	2008 – 08 – 01
7	陶瓷工业污染物排放标准	GB 25464—2010	2010 – 09 – 27	2010 – 10 – 01
8	铝工业污染物排放标准	GB 25465—2010	2010 – 09 – 27	2010 – 10 – 01
9	铅、锌工业污染物排放标准	GB 25466—2010	2010 – 09 – 27	2010 – 10 – 01
10	铜、镍、钴工业污染物排放标准	GB 25467—2010	2010 – 09 – 27	2010 – 10 – 01
11	镁、钛工业污染物排放标准	GB 25468—2010	2010 – 09 – 27	2010 – 10 – 01
12	硝酸工业污染物排放标准	GB 26131—2010	2010 – 12 – 30	2011 – 03 – 01
13	硫酸工业污染物排放标准	GB 26132—2010	2010 – 12 – 30	2011 – 03 – 01
14	稀土工业污染物排放标准	GB 26451—2011	2011 – 01 – 24	2011 – 10 – 01
15	钒工业污染物排放标准	GB 26452—2011	2011 – 04 – 02	2011 – 10 – 01
16	橡胶制品工业污染物排放标准	GB 27632—2011	2011 – 10 – 27	2012 – 01 – 01

序号	标准名称	标准编号	发布时间	实施时间
17	铁矿采选工业污染物排放标准	GB 28661—2012	2012－06－27	2012－10－01
18	铁合金工业污染物排放标准	GB 28666—2012	2012－06－27	2012－10－01
19	钢铁工业水污染物排放标准	GB 13456—2012	2012－06－27	2012－10－01
20	炼焦化学工业污染物排放标准	GB 16171—2012	2012－06－27	2012－10－01
21	电池工业污染物排放标准	GB 30484—2013	2013－12－27	2014－03－01
22	锡、锑、汞工业污染物排放标准	GB 30770—2014	2014－05－16	2014－07－01
23	石油炼制工业污染物排放标准	GB 31570—2015	2015－04－16	2015－07－01
24	石油化学工业污染物排放标准	GB 31571—2015	2015－04－16	2015－07－01
25	合成树脂工业污染物排放标准	GB 31572—2015	2015－04－16	2015－07－01
26	无机化学工业污染物排放标准	GB 31573—2015	2015－04－16	2015－07－01
27	再生铜、铝、铅、锌工业污染物排放标准	GB 31574—2015	2015－04－16	2015－07－01
28	烧碱、聚氯乙烯工业污染物排放标准	GB 15581—2016	2016－08－22	2016－09－01

表 3.5　　　　　　　　　　大气污染物排放（控制）标准

序号	标准名称	标准编号	发布时间	实施时间
1	工业炉窑大气污染物排放标准	GB 9078—1996	1996－03－07	1997－01－01
2	大气污染物综合排放标准	GB 16297—1996	1996－04－12	1997－01－01
3	饮食业油烟排放标准（试行）	GB 18483—2001	2001－11－12	2002－01－01
4	重型汽车排气污染物排放控制系统耐久性要求及试验方法	GB 20890—2007	2007－04－03	2007－10－01
5	船用柴油机排气烟度限值	GB 8840—2009	2009－03－09	2009－08－01
6	平板玻璃工业大气污染物排放标准	GB 26453—2011	2011－04－02	2011－10－01
7	火电厂大气污染物排放标准	GB 13223—2011	2011－07－29	2012－01－01
8	钢铁烧结、球团工业大气污染物排放标准	GB 28662—2012	2012－06－27	2012－10－01
9	炼铁工业大气污染物排放标准	GB 28663—2012	2012－06－27	2012－10－01
10	炼钢工业大气污染物排放标准	GB 28664—2012	2012－06－27	2012－10－01
11	轧钢工业大气污染物排放标准	GB 28665—2012	2012－06－27	2012－10－01
12	电子玻璃工业大气污染物排放标准	GB 29495—2013	2013－03－14	2013－07－01
13	砖瓦工业大气污染物排放标准	GB 29620—2013	2013－09－17	2014－01－01
14	轻型汽车污染物排放限值及测量方法（中国第五阶段）	GB 18352.5—2013	2013－09－17	2018－01－01
15	水泥工业大气污染物排放标准	GB 4915—2013	2013－12－27	2014－03－01
16	城市车辆用柴油发动机排气污染物排放限值及测量方法（WHTC 工况法）	HJ 689—2014	2014－01－16	2015－01－01
17	锅炉大气污染物排放标准	GB 13271—2014	2014－05－16	2014－07－01

续表

序号	标　准　名　称	标准编号	发布时间	实施时间
18	非道路移动机械用柴油机排气污染物排放限值及测量方法（中国第三、四阶段）	GB 20891—2014	2014 - 05 - 16	2014 - 10 - 01
19	火葬场大气污染物排放标准	GB 13801—2015	2015 - 04 - 16	2015 - 07 - 01
20	摩托车污染物排放限值及测量方法（中国第四阶段）	GB 14622—2016	2016 - 08 - 22	2018 - 07 - 01
21	轻便摩托车污染物排放限值及测量方法（中国第四阶段）	GB 18176—2016	2016 - 08 - 22	2018 - 07 - 01
22	轻型汽车污染物排放限值及测量方法（中国第六阶段）	GB 18352.6—2016	2016 - 12 - 23	2020 - 07 - 01
23	挥发性有机物无组织排放控制标准	GB 37822—2019	2019 - 05 - 24	2019 - 07 - 01
24	制药工业大气污染物排放标准	GB 37823—2019	2019 - 05 - 24	2019 - 07 - 01
25	涂料、油墨及胶粘剂工业大气污染物排放标准	GB 37824—2019	2019 - 05 - 24	2019 - 07 - 01
26	铸造工业大气污染物排放标准	GB 39726—2020	2020 - 12 - 08	2021 - 01 - 01
27	农药制造工业大气污染物排放标准	GB 39727—2020	2020 - 12 - 08	2021 - 01 - 01
28	陆上石油天然气开采工业大气污染物排放标准	GB 39728—2020	2020 - 12 - 08	2021 - 01 - 01
29	储油库大气污染物排放标准	GB 20950—2020	2020 - 12 - 28	2021 - 04 - 01
30	油品运输大气污染物排放标准	GB 20951—2020	2020 - 12 - 28	2021 - 04 - 01
31	加油站大气污染物排放标准	GB 20952—2020	2020 - 12 - 28	2021 - 04 - 01

3.4.4　环境工程相关技术（设计）规范

我国现行环境工程相关技术（设计）规范见表 3.6。

表 3.6　　　　　　　　　　　环境工程相关技术（设计）规范

序号	标　准　名　称	标准编号	发布时间	实施时间
1	有色金属冶炼厂收尘设计规范	GB 50753—2012	2012 - 01 - 21	2012 - 08 - 01
2	冶金烧结球团烟气氨法脱硫设计规范	GB 50965—2014	2014 - 01 - 09	2014 - 08 - 01
3	水泥工厂脱硝工程技术规范	GB 51045—2014	2014 - 12 - 02	2015 - 08 - 01
4	转炉煤气净化及回收工程技术规范	GB 51135—2015	2015 - 09 - 30	2016 - 06 - 01
5	防治城市扬尘污染技术规范	HJ/T 393—2007	2007 - 11 - 21	2008 - 02 - 01
6	水泥工业除尘工程技术规范	HJ 434—2008	2008 - 06 - 06	2008 - 09 - 01
7	钢铁工业除尘工程技术规范	HJ 435—2008	2010 - 06 - 06	2010 - 09 - 01
8	工业锅炉及炉窑湿法烟气脱硫工程技术规范	HJ 462—2009	2008 - 06 - 25	2008 - 08 - 01
9	火电厂烟气脱硝工程技术规范 选择性催化还原法	HJ 562—2010	2010 - 09 - 27	2010 - 10 - 01

序号	标 准 名 称	标准编号	发布时间	实施时间
10	火电厂烟气脱硝工程技术规范 选择性非催化还原法	HJ 563—2010	2010-09-27	2010-10-01
11	大气污染治理工程技术导则	HJ 2000—2010	2010-12-07	2011-03-01
12	垃圾焚烧袋式除尘工程技术规范	HJ 2012—2012	2012-03-19	2012-06-01
13	袋式除尘工程通用技术规范	HJ 2020—2012	2012-10-17	2013-01-01
14	环境空气质量评价技术规范（试行）	HJ 663—2013	2013-09-22	2013-10-01
15	环境空气质量监测点位布设技术规范（试行）	HJ 664—2013	2013-09-22	2013-10-01
16	吸附法工业有机废气治理工程技术规范	HJ 2026—2013	2013-03-29	2013-07-01
17	催化燃烧法工业有机废气治理工程技术规范	HJ 2027—2013	2013-03-29	2013-07-01
18	电除尘工程通用技术规范	HJ 2028—2013	2013-03-29	2013-07-01
19	铝电解废气氟化物和粉尘治理工程技术规范	HJ 2033—2013	2013-09-26	2013-12-01
20	火电厂除尘工程技术规范	HJ 2039—2014	2014-06-10	2014-09-01
21	火电厂烟气治理设施运行管理技术规范	HJ 2040—2014	2014-06-10	2014-09-01
22	火电厂烟气脱硫工程技术规范 海水法	HJ 2046—2014	2014-12-19	2015-03-01
23	铅冶炼废气治理工程技术规范	HJ 2049—2015	2015-11-20	2016-01-01
24	燃煤电厂超低排放烟气治理工程技术规范	HJ 2053—2018	2018-04-08	2018-06-01
25	烟气循环流化床法烟气脱硫工程通用技术规范	HJ/T 178—2018	2018-01-15	2018-05-01
26	石灰石/石灰-石膏湿法烟气脱硫工程通用技术规范	HJ/T 179—2018	2018-01-15	2018-05-01
27	氨法烟气脱硫工程通用技术规范	HJ 2001—2018	2018-01-15	2018-05-01
28	火力发电厂石灰石石膏湿法烟气脱硫系统设计规程	DL/T 5196—2016	2016-01-07	2016-06-01
29	燃煤电厂锅炉烟气袋式除尘工程技术规范	DL/T 1121—2020	2020-10-23	2021-02-01

3.4.5 技术政策

我国现行大气污染防治技术政策见表3.7。

表3.7 大气污染防治技术政策

序号	技术政策名称	文 号	发布时间
1	机动车排放污染防治技术政策	环境保护部公告2017年第69号	2017-12-12
2	燃煤二氧化硫排放污染防治技术政策	环发〔2002〕26号	2002-01-30
3	柴油车排放污染防治技术政策	环发〔2003〕10号	2003-01-13
4	火电厂氮氧化物防治技术政策	环发〔2010〕10号	2010-01-27
5	挥发性有机物（VOCs）污染防治技术政策	环境保护部公告2013年第31号	2013-05-24
6	环境空气细颗粒物污染综合防治技术政策	环境保护部公告2013年第59号	2013-09-25

思 考 与 练 习

1. 大气和空气有何区别？

2. 简述大气污染源的类型划分。

3. 大气污染物主要有哪些？什么是一次污染物和二次污染物？

4. 简述控制大气污染的途径。

5. 简述低浓度二氧化硫烟气的处理方法。

6. 简述从烟气中去除氮氧化物的催化还原法。

第 4 章
水环境污染及其防治

　　本章主要内容包括水环境、水循环的概念及城市水环境特点，水体污染及其危害，水污染处理，水污染及其防治相关标准。学习重点是水环境特征、水体污染及主要污染物、水质指标。学习过程中需注意结合水体特征理解水污染特征，并通过实地调研理解水污染治理技术。

　　通过学习水资源和废水的主要处理技术，对比分析水体污染治理前后生态环境和生活环境的变化和影响，明确不能再走先污染后治理的老路，必须树立预防为主、从源头控制的环保理念。在日常生活和工作中，我们应当树立环境忧患意识、增强环境保护责任意识，形成科学的环境伦理道德观。

4.1　水环境概述

水是人类及一切生物赖以生存的必不可少的重要物质，是工农业生产、经济发展和环境改善不可替代的极为宝贵的自然资源。在城市生活中，水也是工业生产、人民生活必不可少的资源，水对于生活在城市的人来说是一种极其重要、不可缺少的重要物质，是城市生态环境的一个重要组成部分。

4.1.1　水资源

"水资源"一词虽然出现较早，随着时代进步其内涵也在不断丰富和发展，其复杂的内涵通常表现在：水类型繁多，具有运动性，各种水体相互转化的特性；水的用途广泛，各种用途对其量和质均有不同的要求；水资源所包含的"量"和"质"在一定条件下可以改变；水资源的开发利用受经济技术、社会和环境条件的制约。因此，人们从不同角度的认识和体会，造成对水资源一词理解的不一致和认识的差异。至今，关于水资源普遍认可的概念可以理解为人类长期生存、生活和生产活动中所需要的具有数量要求和质量前提的水量，包括使用价值和经济价值。一般认为水资源概念具有广义和狭义之分。广义上的水资源是指能够直接或间接使用的各种水和水中物质，对人类活动具有使用价值和经济价值的水均可称为水资源。狭义上的水资源是指在一定经济技术条件下，人类可以直接利用的淡水，主要是指陆地上的淡水资源，如河流水、淡水湖泊水、地下水和冰川等。

储存于地球的总储水量约 13.86 亿 km^3，其中海洋水为 13.38 亿 km^3，约占全球总储水量的 96.5%。在余下的水量中地表水占 1.78%，地下水占 1.69%。人类主要利用的淡水约 3.5×10^8 亿 m^3，在全球总储水量中只占 2.53%。它们少部分分布在湖泊、河流、土壤和地表以下浅层地下水中，其中近 70% 则以冰川、永久积雪和多年冻土的形式储存在南极和格陵兰地区。人类比较容易利用的淡水资源，主要是河流水、淡水湖泊水，以及浅层地下水，储量约占全球淡水总储的 0.3%，只占全球总储水量的十万分之七。据研究，从水循环的观点来看，全世界真正有效利用的淡水资源每年约有 $9000km^3$。

中国有许多河流、湖泊和水库，2013 年中国水资源总量约 2.8 万亿 m^3，约占世界径流资源总量的 6%，但由于人口众多，当前中国人均水资源约为世界人均占有量的 1/4，排名百位之后，被列为世界几个人均水资源贫乏的国家之一。另外，中国属于季风气候区，水资源时空分布不均匀，南北自然环境差异大，特别是城市人口剧增，生态环境恶化，用水技术落后，浪费严重，水源污染，使水资源问题越来越突出。

4.1.2　水循环

地球上的水圈是一个永不停息的动态系统。在太阳辐射和地球引力的推动下，水在水圈内各组成部分之间不停地运动着，构成全球范围的海陆间循环（大循环），并把各种水体连接起来，使得各种水体能够长期存在。海洋和陆地之间的水交换是这个循环的主线，意义最重大。在太阳能的作用下，海洋表面的水蒸发到大气中形成水汽，水汽随大气环流运动，一部分进入陆地上空，在一定条件下形成雨雪等降水；大气降水到达地面后转化为地下水、土壤水和地表径流，地下径流和地表径流最终又回到海洋，由此形成淡水的动态循环。

地球上水的储量是有限的，水是不能新生的，只能通过水的大循环而再生。通过水循环，海洋不断向陆地输送淡水，补充和更新陆地上的淡水资源，使水成为可再生的资源。水在自然界的循环，调节了地球各圈层之间的能量，对地球的冷暖气候变化起到了重要的作用，通过侵蚀、搬运和堆积，塑造了丰富的地表形象，也是地表物质迁移的强大动力和主要载体。此外，随着人类社会的发展和进步，水还由于人类的活动而不断地迁移转化，形成了水的社会循环。

1. 自然循环

自然界中的水并不是静止不动的，在太阳辐射及地球引力的作用下，通过降水、径流、渗透和蒸发等方式循环，水的形态不断发生液态—气态—液态的循环变化，并在海洋、大气和陆地之间不停息地运动，从而形成了水的自然循环（图 4.1）。例如，海水蒸发为云，随气流迁移到内陆，与冷气流相遇，凝为雨雪而降落，称为降水。一部分降水沿地表流动，汇于江河湖泊；另一部分渗于地下，形成地下径流。在流动过程中，两种水流不时地相互转化或补给，最后又复归大海。这种发生在海洋与陆地之间全球范围的水分运动，称为大循环或海陆循环，它是陆地水资源形成和赋存的基本条件，是海洋向陆地输送水分的主要作用。那些仅发生在海洋或陆地范围内的水分运动，称为小循环。不论何种循环，使水蒸发的基本动力都是太阳热能，使云气运动的动力是密度差。自然界水分的循环和运动是陆地淡水资源形成、存在和永续利用的基本条件，但在自然循环中几乎在每个环节都会有杂质混入，使水质发生变化。

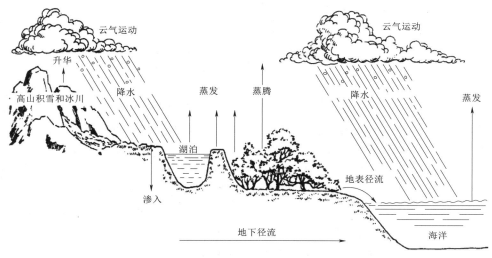

图 4.1　水的自然循环示意

2. 社会循环

水的社会循环是指人类为了满足生活和生产的需求，不断取用天然水体中的水，经过使用，一部分天然水被消耗，但绝大部分变成生活污水和生产废水排放，重新进入天然水体。这样，水在人类社会中构成的局部循环体系，称为社会循环。

与水的自然循环不同，在水的社会循环中，水的性质在不断地发生变化，生活污水和工农业生产废水的排放，是自然界水污染的主要根源，也是水污染防治的主要对象。例如，在人类的生活用水中，只有很少一部分是作为饮用或食物加工以满足生命对水的需求的，其余大部分水是用于卫生目的，如洗涤、冲厕等。显然，这部分水经过使用会挟入大量污染物质。工业生产用水量很大，无论是电力、冶金、化工、石油，还是纺织、印染、食品、造纸等都需要水，除了用一部分水作为工业原料外，大部分是用于冷却、洗涤或其他目的，使用后水质也发生显著变化，其污染程度随工业性质、用水性质及方式等因素而变。不论是生活过程还是工业过程，未经妥善处理的污水任意排入水体都会造成严重的污染。

4.1.3　城市水环境的特点

水是一切经济建设的命脉，是城市建设与发展的关键。城市水环境的定义没有一个统一的标准，按照其构成原理，可以定义为：以城市为主体，在城市边界内和影响城市的所有地表水域，既包括江、河、湖、海、溪流等原生水环境和喷泉、运河等人工水环境，也涵盖了水域建筑群落，道路桥梁等一切社会的、人文的要素及其关系共同组成的有机系统。而根据《中国水利百科全书》，广义的城市水环境主要包括城市自然生物赖以生存的水体环境，抵御洪涝灾害能力，水资源供给程度，水体质量状况，水利工程景观与周围的和谐程度等多项内容。

在城市化的进程中，随着社会、经济的发展，人口增加，产业集中，对水的需求日益增长，而城市化建设使地面的不透水区域大幅增加，农田、绿化和水面积逐渐减少，这一切都直接或间接地影响到城市地区的水环境。城市水环境的特点，主要体现在以下几个方面：

（1）城市用水主要为生活及工业用水，供水要求质量高、水量大、水量稳定、供水保证率高，且在区域上高度集中，在时间上相对均匀，年内分配差异小，仅在昼夜间有差别。

（2）城市供水对外依赖性强。由于城市本身的水资源量十分有限，可利用的程度低，且城市用水量大，一般本地水源难以满足，因此，城市供水主要依靠现有的城区外围水源地或调引水来支持。

（3）城市的水环境条件脆弱。由于城市的空间范围有限，人口密集、工业生产发达，人类的社会活动影响集中，如果没有合适的废污水处理排放系统，城市水环境将日趋恶化。同时，城市的废气、废渣排放量也很大，易于造成大气污染，形成酸雨，进而影响地表水和地下水，并危及人类健康。

（4）城市规模的不断扩大，改变了城市的降水条件。在城市建设过程中，地表的改变使其上的辐射平衡发生了变化。工业和民用供热、制冷以及机动车量增加了大气中的热量，而且燃烧把水汽连同各种各样的化学物质送入大气层中。建筑物能够引起机械湍流，城市作为热源也导致热湍流。因此城市建筑对空气运动能产生相当大的影响。

（5）城市化使地表水停留时间缩短，下渗和蒸发减少，径流量增加；使地下水减少且得不到补偿。随着城市化的发展，工业区、商业区和居民区不透水面积不断增加，树木、农作物、草地等面积逐步减小，减少了蓄水空间。由于不透水地表的入渗量几乎为 0，径流总量增大，地下水补给量相应减小。

4.2 水体污染及其危害

4.2.1 水体的概念

水体是地表水圈的重要组成部分，指的是以相对稳定的陆地为边界的天然水域，包括有一定流速的沟渠、江河和相对静止的塘堰、水库、湖泊、沼泽，以及受潮汐影响的三角洲与海洋。把水体当作完整的生态系统或综合自然体来看待，其中包括水中的悬浮物质、溶解物质、底泥和水生生物等。

水体可按类型和区域的概念进行划分。按类型可划分为海洋水体（包括海和洋）和陆地水体〔包括地表水体（河流、湖泊、沼泽）和地下水体〕。按区域的概念是指某一具体的被水覆盖的地段，如太湖、洞庭湖、鄱阳湖，按类型划分它们同属于陆地地表水体中的湖泊，按区域划分它们是三个区域内的水体。

4.2.2 水体污染

当污染物进入城市中的河流、湖泊或地下水等水体后，其含量超过了水体的自然净化能力，使水体的水质和水体底质的物理、化学性质或生物群落组成发生变化，从而影响到水的利用价值，危害人体健康或破坏生态环境，造成水质恶化的现象，称为水体污染。

1. 水体污染分类

水体污染从污染成因上划分可以分为自然污染和人为污染。自然污染是指由于特殊的地质或自然条件，一些化学元素大量富集，或天然植物腐烂中产生的某些有毒物质或生物病原体进入水体，从而污染了水质。人为污染则是指由于人类活动（包括生产性的和生活性的）引起地表水水体污染。

水体污染从污染源划分，可分为点污染源和面污染源。点污染是指污染物质从集中的地点（如工业废水及生活污水的排放口门）排入水体。它的特点是排污经常，其变化规律服从工业生产废水和城市生活污水的排放规律，它的量可以直接测定或者定量化，其影响可以直接评价。而面污染则是指污染物质来源于集水面积的地面上（或地下），如农田施用化肥和农药，灌排后常含有农药和化肥的成分，城市、矿山在雨季雨水冲刷地面污物形成的地面径流等。面源污染的排放是以扩散方式进行的，时断时续，并与气象因素有联系。

水体污染从污染的性质划分，可分为物理性污染、化学性污染和生物性污染。物理性污染是指水的浑浊度、温度和水的颜色发生改变，水面的漂浮油膜、泡沫以及水中含有的放射性物质增加等；化学性污染包括有机化合物和无机化合物的污染，如水中溶解氧减少、溶解盐类增加、水的硬度变大、酸碱度发生变化或水中含有某种有毒化学物质等；生

物性污染是指水体中进入了细菌和污水微生物等。

2. 水体污染的原因

在城市中造成水体污染的原因主要包括工业废水和生活污水。事实上，水体不只受到一种类型的污染，而是同时受到多种性质的污染，并且各种污染互相影响，不断地发生着分解、化合或生物沉淀作用。

（1）工业废水。工业废水是世界范围内污染的主要原因。工业生产过程的各个环节都可产生废水。根据污染物的性质，工业废水可分为：含有机物废水，如造纸、制糖、食品加工、染织工业等废水；含无机物废水，如火力发电厂的水力冲灰废水，采矿工业的尾矿水以及采煤炼焦工业的洗煤水等；含有毒的化学性物质废水，如化工、电镀、冶炼等工业废水；含有病原体工业废水，如生物制品、制革、屠宰厂废水；含有放射性物质废水，如原子能发电厂、放射性矿、核燃料加工厂废水；生产用冷却水，如热电厂、钢厂废水。

（2）生活污水。生活污水主要来自城市，指居民在日常生活中排放各种污水，如洗涤衣物、沐浴、烹调用水，冲洗大小便器等的污水，其数量、浓度与生活用水量有关。来自医疗单位的污水是一类特殊的生活污水，主要危害是引起肠道传染病。

（3）其他。工业生产过程中产生的固体废弃物含有大量的易溶于水的无机物和有机物，受雨水冲淋造成水体污染。

3. 地下水污染

在人为影响下，地下水的物理、化学或生物特性发生不利于人类生活或生产的变化，称为地下水污染。地下水污染达到一定程度，便不合乎供水水源的要求，地下水污染意味着可以利用的宝贵地下水资源的减少。不仅如此，地下水的污染很不容易及时发现。一旦发现，其后果也难以消除，地下水由于循环交替缓慢，即使排除污染源，已经进入地下水的污染物质，将在含水层中长期滞留；随着地下水流动，污染范围还将不断扩大。因此，要使已经污染的含水层自然净化，往往需要很长的时间（几十、几百甚至几千年）。

城市中的污染物质主要来源于生活污水与垃圾、工业污水与废渣。随着人口急剧增长与工农业发展，产生的污染物质数量十分巨大。污染物质可通过不同途径污染地下水：堆放在地面的垃圾与废渣中的有毒物质经雨水淋滤进入含水层；污水排入河湖坑塘，再渗入补给含水层；利用污水灌溉农田，当处理不当时，可使大范围的地下水受污染；止水不良的井孔，会将浅部的污染水导向深层；废气溶解于大气降水，形成酸雨，也可污染地下水。

4.2.3　水体污染的主要污染物及其危害

凡使水体的水质、生物质、底质质量恶化的各种物质均可称为水体污染物或水污染物。根据对环境污染危害的情况不同，可将水污染物分为以下几个类别：无机悬浮物、需氧有机污染物、营养型污染物、重金属污染物、酸碱酚氰污染物、油类污染物、难降解的有机物、放射性物质、生物污染物等。

1. 无机悬浮物

无机悬浮物主要指泥沙、炉渣、铁屑、灰尘等颗粒状物质在水中呈悬浮状态。无机悬浮物主要来自水土流失、水力排灰、矿渣流失、工业废水、城市污水或城市雨水。无机悬

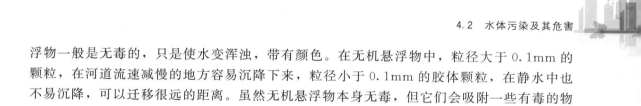

浮物一般是无毒的，只是使水变浑浊，带有颜色。在无机悬浮物中，粒径大于 0.1mm 的颗粒，在河道流速减慢的地方容易沉降下来，粒径小于 0.1mm 的胶体颗粒，在静水中也不易沉降，可以迁移很远的距离。虽然无机悬浮物本身无毒，但它们会吸附一些有毒的物质，使有毒物质扩大了污染范围。

2. 需氧有机污染物

废水中能通过生物化学和化学作用而消耗水中溶解氧的物质，统称为需氧污染物。绝大多数的需氧污染物是有机物，无机物主要有 Fe、Fe^{2+}、S^{2-}、SO_3^{2-}、CN^- 等，仅占很少量的部分。因而，在水污染控制中，一般情况下需氧物即指有机物。

天然水中的有机物一般指天然的腐殖物质及水生生物的生命活动产物。生活废水、食品加工和造纸等工业废水中，含有大量的有机物，如碳水化合物、蛋白质、油脂、木质素、纤维素等。有机物的共同特点是这些物质直接进入水体后，通过微生物的生物化学作用而分解为二氧化碳和水，在分解过程中需要消耗水中的溶解氧，而在缺氧条件下污染物就发生腐败分解、恶化水质，有机物厌氧分解，放出甲烷、硫化氢、氨等难闻气味使水质发臭。水体中需氧有机物越多，耗氧也越多，水质也越差，说明水体污染越严重。需氧有机物常出现在生活废水及部分工业废水中，如有机合成原料、有机酸碱、油脂类、高分子化合物、表面活性剂、生活废水等。它的来源多，排放量大，所以污染范围广。

3. 营养型污染物

营养型污染物是指可引起水体富营养化的物质，主要是指氮、磷等元素，其他尚有钾、硫等。此外，可生化降解的有机物、维生素类物质、热污染等也能触发或促进富营养化过程。它们是植物生长发育所需要的养料，是农作物生长的宝贵肥料，但过多的植物营养素进入水体，会恶化水质。排入水体的生活污水及化肥、制革、造纸等工业废水中，都含有氮、磷等水生植物生长繁殖所需要的营养物质。

由于土壤施肥的原因，各种植物营养素通过雨水冲刷等途径汇入河流、湖泊、水库、内海等水体。当随水流入的植物营养素越积越多时，就会使水体过分肥沃，水生植物生长繁茂，这种现象称为"富营养化"。一般而言，水中氮和磷的浓度分别超过 0.2mg/L 和 0.02mg/L，会促使藻类等绿色植物大量繁殖，在流动缓慢的水域聚集而形成大片的水华（在湖泊、水库）。形成水华的藻类往往带有恶臭，有的在代谢过程中产生有毒物质，不能被鱼类食用。藻类聚集在水体上层，它们的光合作用放出大量氧气，使表层水的溶解氧饱和。但由于藻类遮蔽阳光，底生植物的光合作用受到阻碍而枯死，死亡的藻类尸体和底生植物在水体底部，在厌氧条件下腐烂分解，又将氮、磷等植物营养素重新释放进入水中，再供给藻类利用。这样周而复始，形成了植物营养素在水体中的物质循环，使植物营养素长期保存在水中。所以，缓流水体一旦出现富营养化，水体就很难恢复，这是水体富营养化的重要特征。另一特征是，由于大量藻类尸体沉积底部，水深逐渐变浅，严重时，能使这些水体变成沼泽。在富营养化水体的深度上，溶解氧变化很大，上层处于溶解氧饱和状态，下层处于缺氧状态，底层处于厌氧状态。

4. 重金属污染物

污染水体的重金属一般是指密度大于 $5g/cm^3$ 的金属，主要有汞、镉、铅、铬等。此外还有砷、铍，它们虽不是重金属，但常和重金属一起讨论，称为类重金属。重金属中汞的毒性最大，镉次之，铅、铬、砷也有相当的毒害，被人称之为"五毒"。重金属毒性强，对人体危害大。

重金属污染物排入水体环境中不易消失，通过食物链的富集进入人体，再经较长时间积累可能促进慢性疾病的发作。很多金属（汞、铅等）与人体某些酶的活性中心的巯基（—SH）有着特别强的亲和力，因为金属极易取代巯基上的氢离子而与硫相结合，其致毒作用就在于使各种酶失去活性。金属毒性的大小与其浓度有关，通常，重金属产生毒性的浓度范围在 $1\sim10mg/L$ 之间，汞、镉产生毒性的范围在 $0.01\sim0.0001mg/L$ 以下。目前已证实，有 20 多种金属可致癌，如铍、铬、钴、镉、砷、钛、铁、镍、钪、锰、锆、铅、钯等都有致癌性，汞、铌、钽、镁已知为特异性致癌物质。

5. 酸碱酚氰污染物

酸碱污染物主要由工业废水排放的酸碱以及酸雨带来。酸碱污染物使水体的 pH 值发生变化，破坏自然缓冲作用，消灭或抑制细菌及微生物的生长，妨碍水体自净，使水质恶化、土壤酸化或盐碱化。

水体中酸污染的主要来源是冶金、金属酸洗加工、硫酸、酸法造纸等工厂排出的含酸废水。另一来源是酸性矿山排水，雨水淋洗含二氧化硫的空气后流入水体，也能造成酸污染。水体碱污染的重要来源是碱法造纸、化学纤维、制碱、制革、炼油等工业排出的废水。各种生物都有自己的 pH 值适应范围，超过该范围，就会影响其生存。对渔业水体而言，pH 值不得低于 6 或高于 9.2，当 pH 值为 5.5 时，一些鱼类就不能生存或繁殖率下降。农业灌溉用水的 pH 值应为 $4.5\sim8.5$。此外酸性废水也对金属和混凝土材料造成腐蚀。

酚来源较广，冶金、煤气、炼焦、石油化工、塑料、绝缘材料等工厂都排出大量含酚废水。因此，酚是当前水污染中极为普遍的一种污染物质。

水体中的氰来自电镀、煤气、焦化、冶金、制革、化纤、塑料、农药等工业部门排放的含氰废水。

6. 油类污染物

油类污染物包括矿物油和动植物油。它们均难溶于水，在水中常以粗分散的可浮油和细分散的乳化油等形式存在。石油及其油类制品对水体的污染，不仅有害于水资源的利用，而且对水生生物有相当大的危害。石油漂浮在水面，扩散成极薄的油膜，阻碍水从空气中摄取氧，抑制水中浮游植物的光合作用，造成水体溶解氧减少。油膜还容易堵塞鱼的鳃部，使鱼呼吸困难，甚至窒息死亡。另外，石油及其制品含有多种致癌物质——稠环芳烃，它们可通过水生生物的食物链富集，最后进入人体。

7. 难降解的有机物

有机氯化合物和多环有机化合物是极难分解的剧毒化合物。这类毒物大多是人工合成有机物，难以被生化降解，毒性很大。在环境污染中具有重要意义的有机毒物包括有机农药、多氯联苯、稠环芳香烃、芳香胺类、杂环化合物、酚类、腈类等。许多有机毒物因其"三致效应"（致畸、致突变、致癌）和蓄积作用而引起人们格外的关注。以有机氯农药为例，首先其具有很强的化学稳定性，在自然环境中的半衰期为十几年到几十年，其次它们都可通过食物链在人体内富集，危害人体健康。如 DDT 能蓄积于鱼脂中，浓度可比水体中高 12500 倍。多氯联苯和有机氯农药是污染广泛的有机氯化合物。多氯联苯是一氯联苯、二氯联苯、三氯联苯的混合物，其毒性与其成分有关，含氯原子越多的组分，越容易在人体脂肪组织和器官中蓄积，并且不易排泄，毒性逐渐加剧。其毒害主要表现为影响皮肤、神经、肝脏的代谢，破坏钙的吸收，导致骨骼和牙齿的损害，并有慢性致癌和致遗传变异的威胁。

8. 放射性物质

放射性是指原子核衰变而释放射线的物质属性，废水中的放射性物质主要来自铀、镭等放射性金属的生产和使用过程，如核试验、核燃料再处理、原料冶炼厂等。其浓度一般较低，主要会引起慢性辐射和后期效应，如诱发癌症、对孕妇和婴儿产生损伤、引起遗传性伤害等。

9. 生物污染物

生物污染物指废水中的致病微生物及其他有害的生物体，主要包括病毒、病菌、寄生虫卵等各种致病体。此外，废水中若生长有铁菌、硫菌、藻类、水草及贝壳类动物时，会堵塞管道、腐蚀金属及恶化水质，也属于生物污染物。病原微生物的特点是：数量大，分布广，存活时间较长，繁殖速度很快，易产生抗药性，很难消灭。因此，此类污染物实际上通过多种途径进入人体，并在体内生存，一旦条件适合，就会引起人体疾病。生物污染物主要来自城市生活废水、医院废水、垃圾以及生物制品、屠宰、制革、洗毛等工业废水和牲畜污水地面径流等方面。病原微生物的水污染危害历史最久，至今仍是危害人类健康和生命的重要水污染类型。洁净的天然水一般含细菌很少，病原微生物就更少，受病原微生物污染后的水体，微生物激增，其中许多是致病菌、病虫卵和病毒，它们往往与其他细菌和大肠杆菌共存，所以通常规定用细菌总数和大肠杆菌指数作为病原微生物污染的间接指标。

4.2.4　水体水质指标

水质指标用来表示生活饮用水、工农业用水以及各种受污染水中污染物质的最高容许浓度或限量阈值的具体限制和要求。它是判断水污染程度的具体衡量尺度，是对水体进行监测、评价、利用以及污染治理的基本依据。

4.2.4.1　水质指标分类

水质指标大致可分为以下几种：

（1）物理指标。嗅味、温度、浑浊度、透明度、颜色、悬浮物等。

（2）化学指标（非专一性指标）。电导率、pH 值、硬度、碱度、无机酸度等。

（3）无机物指标。有毒金属、有毒准金属、硝酸盐、亚硝酸盐、磷酸盐等。

（4）非专一性有机物指标。总耗氧量、化学需氧量、生化需氧量、总有机碳、高锰酸钾指数、酚类等。

（5）溶解性气体。氧气、二氧化碳等。

（6）生物指标。细菌总数、大肠菌群、藻类等。

（7）放射性指标。总 α 射线、总 β 射线、铀、镭、钍等。

有些指标用某一物理参数或某一物质的浓度来表示，是单项指标，如温度、pH 值、

溶解氧等；而有些指标则是根据某一类物质的共同特性来表明在多种因素的作用下所形成的水质状况，称为综合指标，如生化需氧量表示水中能被生物降解的有机物的污染状况，总硬度表示水中含钙、镁等无机盐类的多少。

4.2.4.2　城市水体污染常用水质指标

城市水体污染常用水质指标有下列 3 种。

1. 悬浮固体物（SS）

悬浮固体物又称悬浮物、悬游物，是工业废水和生活污水中呈固体状态的不溶物质，是水污染的基本指标之一。

2. 有机物

有机物组成复杂，要想分别测定各种有机物含量比较困难，一般采用下述几个综合指标来表示有机物的浓度。

（1）生物化学需氧量（BOD）。表示微生物氧化水中有机物所需要氧的量，以每升水样消耗溶解氧的毫克数表示（mg/L），简称生化需氧量。一般都以温度20℃，5 日作为测定的标准，记为 BOD_5。生化需氧量是反映水体受有机物污染的最主要指标之一。

（2）化学需氧量（COD）。用重铬酸钾作为氧化剂，氧化水中有机污染物时所需要的氧量（其中包括可以被氧化的无机物所消耗的氧量）。化学需氧量越高，表示水中有机物越多。

（3）耗氧量（OC）。用高锰酸钾代替重铬酸钾作为氧化剂时测定的化学耗氧量。以每升水样中消耗氧的毫克数（mg/L）表示。

COD 的测定比 BOD 要简便，但不能反映有机污染物在水中降解的实际情况。

水中有机物降解靠生物作用，因此较广泛用 BOD 作为反映水体受有机物污染程度的指标。COD 值一般高于 BOD，其差值表示不能为微生物所降解的那部分有机物的含量。用高锰酸钾代替重铬酸钾作为氧化剂时，因它只能氧化一些比较容易氧化的有机物（一般占水中有机物的一半不到），所以 OC 多用于测定污染较轻的天然水和清洁水。

（4）总有机碳（TOC）。测定方法是将水样注入 900℃ 的高温炉中，在触媒的催化下，有机碳被氧化为 CO_2，用红外线测定仪定量地测定所生成的 CO_2，就可算出废水中有机碳总量。这种方法的突出优点是测定一个水样仅需几分钟。

（5）总需氧量（TOD）。由于在 COD 测定的条件下，重铬酸钾不能使嘧啶、苯等有机物氧化，所以对很多有机物来说，所测得的 COD 值一般约为理论值的 95%。TOD 的测定法，即在 900℃ 高温下燃烧有机物，测定其耗氧量，测定一个水样一般只需要几分钟。

3. 细菌污染指标

在水处理工程中，用细菌总数和大肠杆菌群两种指标表示水体被细菌污染的程度。水中一旦检出大肠杆菌，即说明水已被污染。

知识拓展：兰州水污染事件

2014 年 4 月 11 日，兰州市威立雅水务集团公司出厂水及自流沟水样中苯含量严重超标。兰州市主城区各大超市发现，市民争相抢购矿泉水。同时，兰州市西固区已停水。据威立雅水务集团公司检测显示，4 月 10 日 17 时出厂水苯含量高达 118μg/L，22 时自流沟苯含量为 170μg/L，4 月 11 日凌晨 2 时检测值为 200μg/L，均远超出国家限值 10μg/L。

2014 年 4 月 11 日 11 时，兰州市停运北线自流沟，排空受到污染的自来水。南线输水管道正常供水。在此期间，市区降压供水，高坪及边缘地区停水，限制生产性用水。兰州官方特别提示，未来 24 小时，自来水不宜饮用，其他生活用水不受影响。

2014 年 4 月 13 日，兰州市召开了该市自来水苯超标事故发生之后的第二次新闻发布会。通报称，导致此次污染事故的原因是兰州威立雅水务集团公司两水厂之间的自流沟内水体受到了污染，并初步查明周边地下含油污水是引起自流沟内水体苯超标的直接原因。自流沟周边地下含油污水形成的原因有二：一是原兰化公司一渣油罐曾于 1987 年 12 月 28 日 8 时 50 分发生物理爆破事故，有 34t 渣油渗入地下；二是原兰化公司一出口总管曾于 2002 年 4 月 3 日发生开裂着火，泄漏的渣油（具体数量当时未统计）及救火过程中产生的大量消防污水渗入地下。

4.3 水污染处理

众所周知，生活污水和工业废水中含有各种有害物质，如果不加处理而任意排放，会污染环境，造成公害。然而，对于一个环境工程师来说，决不能满足于排什么废水就处理什么废水，而是在解决废水问题时，坚持城市水污染处理的主要原则：改革生产工艺，减少废物排放量；重复利用废水；回收有用物质；对废水进行妥善处理；选择处理工艺与方法时，必须经济合理，并尽量采用先进技术。

现代城市水污染处理技术的基本任务是将污染物从废水中分离出来或是将其转化为无害物质。按作用原理可分为物理法、化学法、物理化学法和生物法四大类。

（1）物理法是利用物理作用来分离废水中的悬浮物或乳浊物。常见的有隔滤、调节、沉淀、离心、澄清、隔油等方法。

（2）化学法是利用化学反应的作用来去除废水中的溶解物质或胶体物质。常见的有中和、沉淀、氧化还原、催化氧化、光催化氧化、微电解、电解絮凝等方法。

（3）物理化学法是利用物理化学作用来去除废水中溶解物质或胶体物质。常见的有混凝、气浮、离子交换、膜分离、萃取、气提、吹脱、蒸发、结晶等方法。

（4）生物法是利用微生物代谢作用，使废水中的有机污染物和无机微生物营养物转化为稳定、无害的物质。常见的有活性污泥法、生物膜法、厌氧生物消化法、稳定塘与湿地处理等。生物法也可按是否供氧而分为好氧处理和厌氧处理两类，前者主要有活性污泥法和生物膜法两种，后者包括各种厌氧消化法。

4.3.1 废水的物理处理措施

4.3.1.1 隔滤

1. 格栅和筛网

格栅是一种最简单的过滤设备，用于去除污水中较大悬浮物的一种装置。格栅用于截留废水中粗大的悬浮物或漂浮物，防止其后续处理构筑物的管道阀门或水泵堵塞以及减少后续处理工艺产生浮渣。格栅通常由互相平行的格栅条、栅框和清除栅渣机械组成。根据格栅上截留物的清除方法不同，可分为人工清理格栅和机械格栅。按栅条间隙，可分为粗格栅（栅条间隙大于 40mm）、细格栅（栅条间隙为 10~30mm）和密格栅（栅条间隙小于 10mm）。格栅通常用在污水处理系统的预处理过程，另外在水泵前也须设置格栅。

筛网主要用于纺织、印染、造纸、皮革等多种工业废水的处理，用以截留废水中含有的大量细小纤维状悬浮物（无法用格栅加以去除，也难用沉淀法处理）。筛网的滤层由穿孔金属板或金属网组成，按其孔眼大小，分为粗筛网（筛孔直径大于 1mm）、中筛网（筛孔直径为 0.05~1mm）和微筛网（筛孔直径小于 0.05mm），其形式则有固定筛和旋转筛。

2. 过滤

废水处理中过滤的目的是去除废水中的微细悬浮物质，常用于活性炭吸附或离子交换设备之前。废水处理工程中的过滤是由滤池实现的。滤池的类型按过滤速度大小，可分为慢滤池（过滤速度小于 0.4m/h）、快滤池（过滤速度为 4~10m/h）和高速滤池（过滤速度为 10~60m/h）；按水流过滤层的方向，可分为上向流、下向流、双向流、径向流等；按滤料种类，可分为砂滤池、煤滤池、煤-砂滤池等；按滤料层数，可分为单层滤池、双层滤池、多层滤池；按水流性质，可分为压力滤池（水头 15~35m）和重力滤池（水头 4~5m）等。

4.3.1.2　调节

在一些废水处理系统，废水量的不均匀性会使废水的流量或浓度变化较大。为使处理系统稳定工作，在废水处理系统之前，设调节池调节进入处理系统的水量和水质。根据调节池的功能，调节池分为均量池、均质池、均化池和事故池。

（1）均量池。主要作用是均化水量，常用的均量池有线内调节式和线外调节式。

（2）均质池（又称水质调节池）。均质池的作用是使不同时间或不同来源的废水进行混合，使出流水质比较均匀。常用的均质池形式有：泵回流式、机械搅拌式、空气搅拌式、水力混合式。前三种形式利用外加的动力，其设备较简单、效果较好，但运行费用高；水力混合式无须搅拌设备，但结构较复杂，容易造成沉淀堵塞等问题。常见的均质池如图 4.2 所示。

（3）均化池。均化池兼有均量池和均质池的功能，既能调节废水水量，又能调节废水水质。

（4）事故池。事故池的作用是容纳生产事故废水或可能严重影响污水处理厂运行的事故废水。

4.3.1.3　沉砂与沉淀

沉砂与沉淀都是利用废水中悬浮物密度比水大，在重力作用下下沉，从而与水分离的处理方法。

1. 沉砂

沉砂是为了减轻设备的磨损，防止砂粒在沉淀池和污泥处理构筑物内沉淀而影响排泥。沉砂池一般设置在泵站和沉淀池之前，用以分离废水中密度较大的砂粒、灰渣等无机固体颗粒。按原理或结构不同，沉砂池分为平流沉砂池、竖流沉砂池、曝气沉砂池、旋流

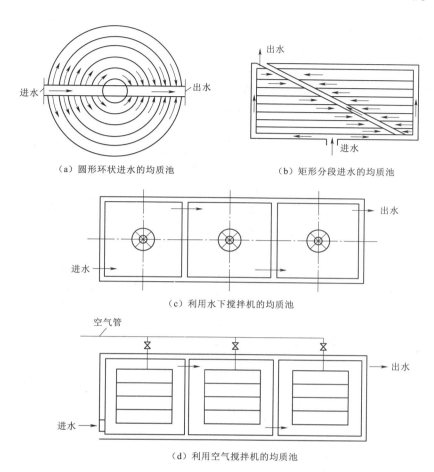

　　（a）圆形环状进水的均质池　　　　　　　（b）矩形分段进水的均质池

（c）利用水下搅拌机的均质池

（d）利用空气搅拌机的均质池

图 4.2　常见的均质池

沉砂池等。

　　平流沉砂池的截留效果好、工作稳定、构造较简。污水进入后，沿水平方向流至末端后经堰板流出沉砂池。

　　曝气沉砂池集曝气和除砂为一体，进水与水流垂直，在沉砂池侧墙上设置空气扩散器，使污水横向流动，形成螺旋形的旋转流态，密度大的砂粒通过离心作用被旋至外圈。由于池中设有曝气设备，具有预曝气、脱臭、防止污水厌氧分解、除油和除泡等功能，可使沉砂中的有机物含量降低至 5% 以下，为后续的沉淀、曝气及污泥消化池的正常运行以及污泥的脱水提供有利条件。

　　2. 沉淀

　　沉淀是指利用水中的固体物质和水的密度差，利用重力沉降作用去除水中悬浮颗粒的过程。在生物处理法中用作预处理的称为初次沉淀池。设置在生物处理构筑物后的称为二次沉淀池，可分离生物污泥，使处理水得到澄清。根据池内水流方向，沉淀池可分为平流式沉淀池、辐流式沉淀池和竖流式沉淀池。

　　（1）平流式沉淀池。池形呈长方形，水从池一端进入，从另一端流出，水在池内沿水平方向流动，通过沉降区并完成沉降过程。

（2）辐流式沉淀池。辐流式沉淀池是一种直径较大、有效水深相应较浅的圆形池。进、出水的布置方式有：中心进周边出、周边进中心出、周边进周边出、中心进中心出。

（3）竖流式沉淀池。池面多呈圆形或正方形，原水由设在池中心的中心管进入，在沉淀区流动方向是由池的下部向上做竖向流动，从池的顶部流出，池底锥体为储泥斗。

4.3.1.4 离心

废水中的悬浮物在离心力作用下与水分离的过程称离心分离法。由于在离心力场中悬浮物所受的离心力远大于其所受的重力，所以能获得很好的分离效果。离心分离设备按离心力产生的方式不同，可分为两种类型：水力旋流器和器旋旋流器。水力旋流器是容器固定不动，由沿器壁切向高速进入旋流器的废水本身的旋转产生离心力。器旋旋流器是高速旋转的容器带动分离器内的废水旋转产生离心力。

4.3.1.5 隔油

隔油主要用于对废水中浮油的处理，它是利用水中油品与水密度的差异与水分离并加以清除的过程。采用自然上浮法去除浮油的设施，称为隔油池。常用的隔油池有平流式隔油池和斜板式隔油池两类。

4.3.2 废水的化学处理措施

4.3.2.1 中和

中和主要是指对酸、碱废水的处理，废酸碱水的互相中和。中和首先考虑的是废酸碱水的相互中和，应遵循以废治废的原则，并考虑资源回收和综合利用，只有在中和后不平衡时，才考虑采用药剂中和。

1. 酸碱废水相互中和

酸碱废水相互中和一般是在混合反应池内进行，池内设有搅拌装置。一般在混合反应池前设均质池，以确保两种废水相互中和时，水量和浓度保持稳定。

2. 酸性废水的投药中和

酸性废水的中和药剂有石灰（CaO）、石灰石（$CaCO_3$）和氢氧化钠（NaOH）等。

3. 碱性废水的投药中和

碱性废水的投药中和主要采用盐酸和价格较低的工业硫酸。使用盐酸的优点是反应产物的溶解度大，泥渣量小，但出水溶解固体浓度高。中和过程和设备与酸性废水投药中和基本相同。

4.3.2.2 化学沉淀处理

化学沉淀法是向废水中投加某些化学药剂（沉淀剂），使其与废水中溶解态的污染物直接发生化学反应，形成难溶的固体生成物，然后进行固废分离，除去水中污染物。

化学沉淀法的工艺过程：①投加化学沉淀剂，与水中污染物反应，生成难溶的沉淀物析出；②通过凝聚、沉降、浮上、过滤、离心等方法进行固液分离；③泥渣的处理和回收利用。

4.3.2.3 氧化还原处理

利用有毒有害污染物在化学反应过程中能被氧化或还原的性质，改变污染物的形态，

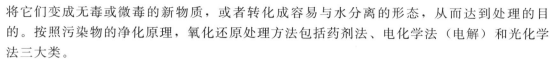

将它们变成无毒或微毒的新物质，或者转化成容易与水分离的形态，从而达到处理的目的。按照污染物的净化原理，氧化还原处理方法包括药剂法、电化学法（电解）和光化学法三大类。

废水处理中最常采用的氧化剂是空气、臭氧、氯气、次氯酸钠及漂白粉；常用的还原剂有硫酸亚铁、亚硫酸氢钠、硼氢化钠、铁屑等。

与生物氧化法相比，化学氧化还原法需较高的运行费用。因此，目前化学氧化还原法仅用于饮用水处理、特种行业用水处理、有毒工业废水处理和以回用为目的的废水深度处理等有限的场合。

4.3.3 废水的物理化学处理措施

4.3.3.1 混凝澄清法

混凝是在混凝剂的离解和水解产物作用下，使水中的胶体污染物和细微悬浮物脱稳，并凝聚为可分离的絮凝体的过程。混凝沉淀的处理过程包括投药、混合、反应及沉淀分离。

澄清池是用于混凝处理的一种设备。在澄清池内，可以同时完成混合、反应、沉淀分离过程。

4.3.3.2 浮选法

浮选法是通过投加混凝剂或絮凝剂使废水中的悬浮颗粒、乳化油脱稳、絮凝，以微小气泡作载体，黏附水中的悬浮颗粒，随气泡挟带浮升至水面，通过收集泡沫或浮渣以分离污染物。

浮选法主要用于处理废水中靠自然沉降或上浮难以去除的浮油或相对密度接近于1的悬浮颗粒。

4.3.3.3 吸附

吸附就是使液相中的污染物转移到吸附剂表面的过程。废水的吸附处理一般用来去除生化处理和物化处理单元难以去除的微量污染物质，不仅可以除臭、脱色、去除微量的元素及放射性污染物质，而且还能吸附诸多类型的有机物质。可作为离子交换、膜分离等方法的预处理和二级处理后的深度处理。吸附剂可选用活性炭、活化煤、白土、硅藻土、膨润土、蒙脱石、沸石、活性氧化铝、树脂吸附剂、木屑、粉煤灰、腐殖酸等。

活性炭是最常用的吸附剂。在污水处理中，活性炭吸附主要用于处理难以生化降解的有机物或用于深度处理。活性炭吸附装置一般采用固定床、移动床及流动床。移动床的运行操作方式：原水从下而上流过吸附层，吸附剂由上而下间歇或连续移动。流动床是一种较为先进的床型，吸附剂在塔中处于膨胀状态，塔中吸附剂与废水逆向连续流动。

4.3.3.4 离子交换

对于工业废水，离子交换主要用来去除废水中的阳离子（如重金属），但也能去除阴离子，如氯化物、砷酸盐、铬酸盐等。离子交换操作是在装有离子交换剂的交换柱中以过滤方式进行的。整个工艺过程包括交换、反冲洗、再生和清洗四个阶段。这四个阶段依次进行，形成循环。离子交换适用于原水脱盐净化，回收工业废水中有价金属离子、阴离子化工原料等。

离子交换树脂可以由沸石等无机材料制成，晶格中有数量不足的阳离子，也可以由合成的有机聚合物制成，聚合材料有可离子化的官能团，如磺酸基、酚羟基、羧基、氨基等。在废水处理中，最常用的是钠离子树脂。

4.3.3.5　气浮

气浮是指向水中通入空气，产生微小气泡，气泡与细小悬浮物之间互相黏附，利用气泡的浮力，上升到水面，形成泡沫或浮渣，从而使水中的悬浮物得以分离的一种水处理方法。气浮适用于去除水中密度小于 1kg/L 的悬浮物、油类和脂肪，可用于污（废）水处理，也可用于污泥浓缩。浮选过程包括气泡产生、气泡与颗粒附着以及上浮分离等连续过程。

4.3.3.6　电渗析

电渗析适用于去除废水中的溶质离子，可用于海水或苦咸水淡化、自来水脱盐制取初级纯水、与离子交换组合制取高纯水、废液的处理回收等。

4.3.4　废水的生物化学处理措施

生物化学处理法是利用自然环境中的微生物体内的生物化学作用来氧化分解废水中的有机物和某些无机毒物的水处理方法。

废水生物处理根据微生物生长对氧环境的要求不同，可分为好氧生物处理和厌氧生物处理两大类。好氧生物处理宜用于进水 $BOD_5/COD \geqslant 0.3$ 的可生化性较好的废水。厌氧生物处理宜用于高浓度、难生物降解有机废水和污泥等的处理。

4.3.4.1　好氧生物处理

好氧生物处理可分为活性污泥法（包括传统活性污泥法、氧化沟、序批式活性污泥法）和生物膜法（包括生物接触氧化、生物滤池、生物转盘、生物流化床）。活性污泥法是依靠曝气池中悬浮流动着的活性污泥来分解有机物，而生物膜法则主要依靠固着于载体表面的微生物膜来净化有机物。

1. 传统活性污泥法

适用于以去除污水中碳源有机物为主要目标，无氮、磷去除要求的情况。按反应器类型划分，有推流式活性污泥法、阶段曝气法、完全混合法、吸附再生法，以及带有微生物选择池的活性污泥法。按供氧方式以及氧气在曝气池中分布特点，处理工艺分为传统曝气工艺、渐减曝气工艺和纯氧曝气工艺。按负荷类型分为传统负荷法、改进曝气法、高负荷法、延时曝气法。

（1）推流式活性污泥法。推流式活性污泥法的曝气池为长方形，经过初沉的废水与回流污泥从曝气池的前端进入，并借助空气扩散管或机械搅拌设备进行混合。活性污泥中微生物不断利用废水中的有机物进行新陈代谢，活性污泥数量不断增多，当超过一定浓度时应排放一部分，被排放的这部分称为剩余污泥。普通活性污泥法悬浮物和 BOD 的去除率都很高，可达 90%～95%。但对水质变化的适应能力不强，曝气池的前端供氧不足，后端供氧过剩，所供的氧不能充分利用。推流式活性污泥法工艺流程如图 4.3 所示。

（2）阶段曝气法。阶段曝气法（又称多点进水活性污泥法）通过阶段分配进水的方式避免曝气池中局部浓度过高的问题，以克服普通活性污泥法的供氧与需氧不平衡的矛盾。

图 4.3 推流式活性污泥法工艺流程

采用阶段曝气后，曝气池沿程污染物浓度分布和溶解氧消耗明显改善。阶段曝气法工艺流程如图 4.4 所示。

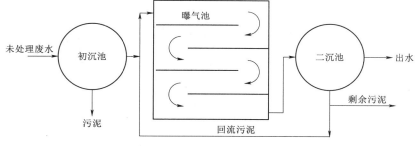

图 4.4 阶段曝气法工艺流程

（3）完全混合法。又称带沉淀和回流的完全混合反应器工艺，在完全混合系统中废水的浓度是一致的，污染物的浓度和氧气需求沿反应器长度没有发生变化。因此，该工艺适合于含可生物降解污染物及浓度适中的有毒物质的废水。与运行良好的推流式活性污泥法工艺相比，它的污染物去除率较低。

（4）吸附再生法。又称接触稳定工艺，由接触池、稳定池和二沉池组成。来自初沉池的废水在接触反应器中与回流污泥进行短暂的接触，使可生物降解的有机物被氧化或被细胞吸收，颗粒物则被活性污泥絮体吸附，随后混合液流入二沉池进行泥水分离。分离后的废水被排放，沉淀后浓度较高的污泥则进入稳定池继续曝气，进行氧化过程。浓度较高的污泥回流到接触池中继续用于废水处理。吸附再生法适用于运行管理条件较好并无冲击负荷的情况。

2. 氧化沟

氧化沟（图 4.5）属延时曝气活性污泥法。氧化沟的池型既是推流式，又具备完全混合的功能。

3. 序批式活性污泥法

序批式活性污泥法（SBR）是将曝气池与沉淀池合二为一，生化反应呈分批进行，工作周期由进水、反应、沉降、排水和闲置五个阶段组成。进水期是反应器从开始进水到达到最大反应体积的时间，同时进行着生物降解反应。在反应期，反应器不再进水，废水被

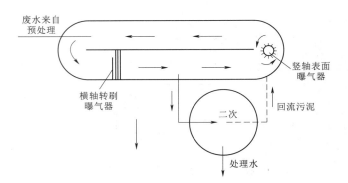

图 4.5　氧化沟工艺流程

逐渐处理达到预期效果。进入沉降期时，活性污泥沉降，上清液即为处理后的水，于排放期排放。这以后的一段时间直至下一批废水进入之前即为闲置期。

4. 生物接触氧化

生物接触氧化适用于低浓度的生活污水和具有可生化性的工业废水处理，生物接触氧化池应根据进水水质和处理程度确定采用一段式或多段式。

5. 生物滤池

生物滤池也称滴滤池，主要是由一个用碎石铺成的滤床组成。废水通过布水系统，从滤池顶部布洒下来。废水通过滤池时，滤料截留了废水中的悬浮物，使微生物快速繁殖，微生物又进一步吸附了废水中的胶体和溶解性有机物并逐渐生长形成了生物膜。生物滤池就是依靠滤料表面的生物膜对废水中的有机物的吸附氧化作用而使废水得以净化。

6. 生物转盘

生物转盘又称浸没式生物滤池，它由许多平行排列的浸没在一个水槽（氧化槽）中的塑料圆盘组成。圆盘的盘面近一半浸没在废水之下，盘片上生长着生物膜。它的工作原理和生物滤池基本相同，盘片在与之垂直的水平轴的带动下缓慢地转动，浸入废水中的盘片上的生物膜便吸附废水中的有机物，当转出水面时，生物膜又从大气中吸收所需的氧气，使吸附于膜上的有机物被微生物所分解。随着盘片的不断转动，槽内的废水得到净化。

7. 生物流化床

生物流化床是以粒径小于 1mm 的砂、焦炭、活性炭等的颗粒材料为载体，当污水以一定的压力和流量由下向上流过载体时，使载体呈流动状态或称之为"流化"状态，依靠载体表面生长着的生物膜，使污水得到净化。好氧生物流化床主要有两种类型：①两相生物流化床，是在流化床体外设置充氧设备和脱膜装置。污水与回流水在充氧设备中与氧混合，使水中的溶解氧含量提高，充氧后的污水进入生物流化床，进行生物反应。②三相生物流化床，在三相生物流化床中，空气（或纯氧）、液体（污水）、固体（带生物膜的载体）在流化床中进行生物反应，载体表面的生物膜靠气体的搅动作用，使颗粒之间剧烈摩擦而脱落。

4.3.4.2　厌氧生物处理

废水厌氧生物处理是指在缺氧条件下通过厌氧微生物（包括兼氧微生物）的作用，将废水中的各种复杂有机物分解转化成甲烷和二氧化碳等物质的过程，也称厌氧消化。厌氧处理工艺主要包括升流式厌氧污泥床（UASB）、厌氧生物滤池（AF）、厌氧流化床（AFB）。

1. 升流式厌氧污泥床

在升流式厌氧污泥床反应器中，废水自下而上地通过厌氧污泥床，床体底部是一层颗粒状的絮凝和沉淀性能良好的污泥层，中部是悬浮区，上部是澄清区。澄清区设有三相分离器，用以完成气、液、固三相分离。被分离的消化气由上部导出，被分离的污泥则自动落到下部反应区。厌氧消化过程所产生的微小气泡对污泥床进行缓和的搅拌作用。

2. 厌氧生物滤池

厌氧生物滤池的构造与一般的好氧生物滤池相似，池内设置填料，但池顶密封。废水由池底部进入，在池顶部排出。填料浸没于水中，微生物附着生长在填料上，滤池中微生物浓度很高。

3. 厌氧流化床

厌氧流化床是借鉴化工流态化技术的一种生物反应器。在厌氧流化床反应器中，填充粒径小、比表面积大的颗粒，厌氧微生物膜固定于小颗粒上而形成生物粒子，以生物粒子为流化粒料，污水作为流化介质，由外界施以动力，使生物粒子克服重力与流体阻力，形成"流态化"。该工艺具有良好的传质条件，微生物易与废水充分接触，不仅能高效降解高浓度有机物，还具有良好的脱氮效果。

4.3.5 废水处理系统

按处理程度，废水处理技术可分为一级、二级和三级处理，如图4.6所示。

一级处理通常被认为是一个沉淀过程，主要是通过物理处理法中的各种处理单元（如沉降或气浮）来去除废水中悬浮状态的固体、呈分层或乳化状态的油类污染物，多采用物理处理法中的各种处理单元。出水进入二级处理单元进一步处理或排放。

二级处理的任务是大幅度地去除废水中呈胶体和溶解状态的有机污染物。主要目的是去除一级处理出水中的溶解性BOD，并进一步去除悬浮固体物质。二级处理过程可以去除大于85%的BOD_5及悬浮固体物质，但无法显著去除氮、磷或重金属，也难以完全去除病原菌和病毒。一般工业废水经二级处理后，已能达到排放标准。

三级处理的任务是进一步去除前两级未能去除的污染物。三级处理所使用的处理方法有多种，化学处理和生物处理的许多单元处理方法都可应用。还有以废水回收污染物资源化和净化回用为目的的深度处理。三级处理过程除常用于进一步处理二级处理出水外，还可用于替代传统的二级处理过程。

工业废水中的污染物质是多种多样的，不能设想只用一种处理方法，就能把所有污染物质去除殆尽。一种废水往往要采用多种方法组合的处理工艺系统，才能达到预期的处理效果。

4.3.6 污泥处理处置

工业废水和城市污水在处理过程中，将产生各种污泥。有的是直接从废水中分离出来的，如初沉池排出的沉渣、气浮池排出的油渣等；有的是在处理过程中产生的，如化学沉

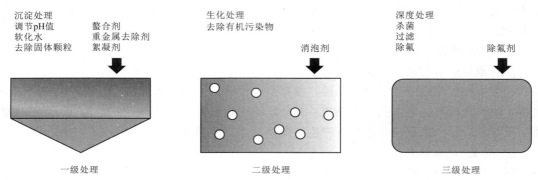

沉淀处理　　　　　　　　　生化处理　　　　　　　　　深度处理
调节pH值　　螯合剂　　　　去除有机污染物　　　　　　杀菌
软化水　　　重金属去除剂　　　　　　　　消泡剂　　　过滤
去除固体颗粒　絮凝剂　　　　　　　　　　　　　　　　除氟　　　　除氟剂

一级处理　　　　　　　　　　二级处理　　　　　　　　　三级处理

图 4.6　废水的一级、二级和三级处理

淀法产生的沉淀污泥和生物化学法产生的活性污泥以及脱落的生物膜等。污泥量及其特性与原污水的性质、采用的处理方法、污泥的含水率等有关。

在污泥排入环境前，必须对其进行处理和处置，使有毒有害物质转化为无毒和无害的物质，使有用物质得到回收和利用。应根据工程规模、地区环境条件和经济条件进行污泥的减量化、稳定化、无害化和资源化处理与处置。污水污泥的减量化处理包括使污泥的体积减小和污泥的质量减小，前者如采用污泥浓缩、脱水、干化等技术，后者如采用污泥消化、污泥焚烧等技术。污水污泥的稳定化处理是使污泥得到稳定（不易腐败），以利于对污泥做进一步处理和利用，可以减少有机组分含量、改善污泥脱水性能便于污泥的储存和利用，抑制细菌代谢，降低污泥臭味，产生沼气、回收资源等，实现污泥稳定可采用厌氧消化、好氧消化、污泥堆肥、加碱稳定等技术。污水污泥的无害化处理是减少污泥中的致病菌、寄生虫卵及多种重金属离子和有毒有害的有机污染物，降低污泥臭味。

4.3.6.1　污泥处理方法

1. 污泥浓缩处理

污泥浓缩应根据污水处理工艺、污泥性质、污泥量和污泥含水率要求进行选择，其目的是降低污泥含水率、减小污泥体积，主要减缩污泥的间隙水。可采用重力浓缩、气浮浓缩、离心浓缩、带式浓缩机浓缩和转鼓机械浓缩等。

2. 污泥消化处理

为避免污泥进入环境后，其有机部分发生腐败，常在脱水之前对其进行降解，称为污泥的稳定。污泥可采用厌氧消化或好氧消化工艺处理。厌氧消化是在没有游离氧的条件下对污泥进行生物降解，大部分有机物转化为甲烷、二氧化碳和水。污泥的厌氧消化也包括水解、酸化、产乙酸、产甲烷等过程。

好氧消化类似于活性污泥法，好氧细菌稳定污泥过程比厌氧细菌快，操作简单。

3. 污泥脱水处理

污泥经浓缩后含水率仍为 95%～97%，污泥脱水的作用是去除污泥中的毛细水和表面附着水，缩小体积、减小重量。经过脱水处理，污泥含水率能从 96% 左右降至 60%～80%，其体积降为原来的 1/10～1/5，有利于运输和后续处理。污泥脱水设备可采用压滤脱水机（包括带式压滤机和板框式压滤机）和离心脱水机。

4. 污泥干燥处理和焚烧

脱水后的污泥含水率仍然很高，一般在 $60\%\sim80\%$，如需进一步降低含水率，可进行干燥处理或焚烧。

干燥的脱水对象是毛细管水、吸附水和颗粒内部水。经过干燥处理后，污泥含水率可降至 $10\%\sim20\%$，便于运输，还可作为农田和园林的肥料使用。这种方法同时也是污泥最终处置的一种有效方法。污泥干燥处理宜采用直接式干燥器，主要有带式干燥器、转筒式干燥器、急骤干燥器和流化床干燥器。

污泥焚烧工艺适用于以下情况：①污泥不符合卫生要求，有毒物质含量高，不能为农副业所利用；②污泥自身的燃烧热值高，可以自燃并利用燃烧热量发电；③可与城镇垃圾混合焚烧并利用燃烧热量发电。采用污泥焚烧工艺时，所需的热量靠污泥所含的有机物燃烧产生，所以前处理不需要经过稳定处理，以免所含的有机物量减少。污泥焚烧的烟气和飞灰必须进行相应的处理。

4.3.6.2 污泥的最终处置

污泥的最终处置应优先从资源化考虑，包括综合利用和卫生填埋等措施。

1. 农业应用

污泥中含有植物所需的营养成分和有机物，而且污泥中含有硼、锰、锌等微量元素，但污泥的肥效主要取决于污泥的组成和性质。在利用前应进行堆肥等稳定处理，使污泥中的有机物好氧分解，达到腐化稳定有机物、杀死病原体、破坏污泥中恶臭成分和脱水的目的。

2. 建筑材料应用

污泥可用于制砖或制纤维板材，还可用于铺路。可采用干化污泥直接制砖，也可采用污泥焚烧灰制砖。

3. 污泥气利用

污泥发酵产生的气体主要是甲烷和二氧化碳，可用作燃料，也可作为化工原料。

4. 卫生填埋

污泥卫生填埋时，要严格控制污泥中的金属和其他有毒物质的含量，并且要做好环境保护措施，防止污染地下水。

4.3.7 地下水污染防治措施

4.3.7.1 地下水污染原因、来源和类型

在天然状态下，地下水具有一定的自净能力。人为的活动使这种平衡遭到破坏，使地下水的污染物浓度超过规定的指标，就是地下水污染。地下水污染是由于人为因素造成地下水质恶化的现象。

地下水污染的原因主要有：工业废水向地下直接排放、受污染的地表水侵入到地下含水层中、人畜粪便或因过量使用农药而受污染的水渗入地下等。

地下水污染的来源有：天然污染源（如地表污水体、地下高矿化度水或其他劣质水体、含水层或包气带所含的某些矿物等）和工业污染源、农业污染源、生活污染源、矿业污染源等。

我国地下水污染划分为以下四个类型：①地下淡水的过量开采导致沿海地区的海（咸）水入侵；②地表污（废）水排放和农耕污染造成的硝酸盐污染；③石油和石油化工

产品的污染；④垃圾填埋场渗漏污染。

> **知识拓展：中央生态环境保护督察通报多起地下水污染案例，如何加强地下水污染防治？**
>
> 　　地下水污染，主要指人类活动引起地下水化学成分、物理性质和生物学特性发生改变而使质量下降的现象，由于其隐蔽性、危害性和不可逆性等特点，一直备受关注。中央生态环境保护督察通报了多起与地下水污染有关的典型案例。第二轮第三批中央生态环境保护督察通报称，安徽省蚌埠市固镇经济开发区及其周边农田内存在多个污水渗坑，化学需氧量浓度、氨氮浓度，分别超地表水Ⅲ类标准 496 倍、447 倍。第二轮第四批中央生态环境保护督察通报，吉林省长春市绿园区城市管理行政执法局将 24 万余吨混有大量生活垃圾的建筑垃圾违法填埋在一取土坑，坑内地下水多项指标严重超标，其中菌落总数最高达 12 万个细菌/mL，超地下水Ⅲ类标准限值 1199 倍；化学需氧量浓度最高达 3920mg/L，粪大肠菌群最高达 5000 个/L。"十四五"期间生态环境部贯彻"水土共治"理念，强化"地表与地下，土壤与地下水、区域与场地"协同治理，重点抓地下水型饮用水水源和污染源，从建体系、控风险、保水源三方面发力，统筹推进地下水污染防治，确保全国地下水环境质量总体稳定。

4.3.7.2　典型的地下水污染修复技术

　　目前，较典型的地下水污染修复技术主要有以下几种。

　　1. 物理屏蔽法

　　物理屏蔽法是在地下建立各种物理屏障，将受污染水体圈闭起来，以防止污染物进一步扩散蔓延。常用的有灰浆帷幕法、泥浆阻水墙法、振动桩阻水墙法、板桩阻水墙法、块状置换法、膜和合成材料帷幕圈闭法等。物理屏蔽法只有在处理小范围的剧毒、难降解污染物时才可考虑作为一种永久性的封闭方法，多数情况下，它只是在地下水污染治理的初期，被用作一种临时性的控制方法。

　　2. 被动收集法

　　被动收集法是在地下水流的下游挖一条足够深的沟道，在沟内布置收集系统，将水面漂浮的污染物质（如油类污染物等）收集起来，或将所有受污染地下水收集起来以便处理的一种方法。

　　3. 水动力控制法

　　水动力控制法是利用井群系统，通过抽水或向含水层注水，人为地改变地下水的水力梯度，从而将受污染水体与清洁水体分隔开来。根据井群系统布置方式的不同，水动力控制法又可分为上游分水岭法和下游分水岭法。上游分水岭法是在受污染水体的上游布置一排注水井，通过注水井向含水层注入清水，使得在该注水井处形成一地下分水岭，从而阻止上游清洁水体向下补给已被污染水体；同时，在下游布置一排抽水井将受污染水体抽出处理。而下游分水岭法则是在受污染水体下游布置一排注水井注水，在下游形成一分水岭以阻止污染羽流向下游扩散，同时在上游布置一排抽水井，抽出清洁水并送到下游注入。同样，水动力控制法一般也用作一种临时性的控制方法，在地下水污染治理的初期用于防止污染物的扩散蔓延。

4．抽出处理技术

传统的抽出处理是把污染的地下水抽出来，然后在地面上进行处理。抽出处理的修复过程一般可分为两大部分：地下水动力控制过程和地上污染物处理过程。根据地下水污染范围，在污染场地布设一定数量的抽水井，通过水泵和水井将污染了的地下水抽取上来，然后利用地面净化设备进行治理。处理过的地下水可以选择排放、回灌或用于当地供水等。

5．原位修复技术

较典型的原位修复技术有：渗透性反应墙修复技术、土壤气相抽提技术、空气注入修复技术、植物修复技术、原位稳定−固化技术。

（1）渗透性反应墙修复技术。沿地下水流方向，在污染场地下游安置连续或非连续的渗透性反应墙，使含有污染物质的地下水流经渗透墙的反应区，通过地下水与反应墙中添加剂的化学反应达到去除污染物质的目的，并利用渗透性反应墙物理屏障阻止污染晕向下游扩散。一般根据不同污染场地特点，在反应墙中添加相应的化学试剂。

（2）土壤气相抽提技术。土壤气相抽提技术是对土壤挥发性有机污染进行原地恢复、处理的方法，它用来处理包气带中岩石介质的污染问题。使包气带土（或土−水）中的污染物进入气相排出。

（3）空气注入修复技术。空气注入修复技术通常用来治理地下饱和带（饱水带及毛细饱和带）的有机污染，其修复原理为：通过向地下注入空气，在污染晕下方形成气流屏障，防止污染晕进一步向下扩散和迁移，在气压梯度作用下，收集地下可挥发性污染物，并以供氧作为主要手段，促进地下污染物的生物降解。

（4）植物处理技术。植物处理方法使用植物来净化污染的土壤和地下水，是利用植物天然能力去吸收、聚积和降解土壤和水环境中的污染物。植物处理方法包括：植物根部吸收、植物吸取、植物转化、植物激化或植物辅助下的微生物降解、植物稳定。

（5）原位稳定−固化技术。在已污染的包气带或含水层中注入可使污染物不继续迁移的介质，使有机或无机污染物达到稳定状态。污染物可以被介质凝固、黏合（固化），或者由于化学反应使其活动性降低。常用于重金属离子和放射性物质的稳定化和固化处理。

4.4 水污染及其防治相关标准

4.4.1 环境质量标准

我国现行水环境质量标准见表4.1。

表 4.1　　　　　　　　　　水 环 境 质 量 标 准

序号	标　准　名　称	标准编号	发布时间	实施时间
1	渔业水质标准	GB 11607—1989	1989−08−12	1990−03−01
2	海水水质标准	GB 3097—1997	1997−12−03	1998−07−01

续表

序号	标 准 名 称	标准编号	发布时间	实施时间
3	地表水环境质量标准	GB 3838—2002	2002 – 04 – 28	2002 – 06 – 01
4	农田灌溉水质标准	GB 5084—2021	2021 – 01 – 20	2021 – 07 – 01
5	地下水质量标准	GB/T 14848—2017	2017 – 10 – 14	2018 – 05 – 01

4.4.2 污染物排放（控制）标准

我国现行的部分水环境污染物排放（控制）标准见表 4.2。

表 4.2　　　　　　　　　水环境污染物排放（控制）标准

序号	标 准 名 称	标准编号	发布时间	实施时间
1	肉类加工工业水污染物排放标准	GB 13457—1992	1992 – 05 – 18	1992 – 07 – 01
2	航天推进剂水污染物排放标准	GB 14374—1993	1993 – 05 – 22	1993 – 12 – 01
3	恶臭污染物排放标准	GB 14554—1993	1993 – 08 – 06	1994 – 01 – 15
4	污水综合排放标准	GB 8978—1996	1996 – 10 – 04	1998 – 01 – 01
5	污水海洋处置工程污染控制标准	GB 18486—2001	2001 – 11 – 12	2002 – 01 – 01
6	兵器工业水污染物排放标准　火炸药	GB 14470.1—2002	2002 – 11 – 18	2003 – 07 – 01
7	兵器工业水污染物排放标准　火工药剂	GB 14470.2—2002	2002 – 11 – 18	2003 – 07 – 01
8	城镇污水处理厂污染物排放标准	GB 18918—2002	2002 – 12 – 24	2003 – 07 – 01
9	医疗机构水污染物排放标准	GB 18466—2005	2005 – 07 – 27	2006 – 01 – 01
10	皂素工业水污染物排放标准	GB 20425—2006	2006 – 09 – 01	2007 – 01 – 01
11	杂环类农药工业水污染物排放标准	GB 21523—2008	2008 – 04 – 02	2008 – 07 – 01
12	羽绒工业水污染物排放标准	GB 21901—2008	2008 – 06 – 25	2008 – 08 – 01
13	发酵类制药工业水污染物排放标准	GB 21903—2008	2008 – 06 – 25	2008 – 08 – 01
14	化学合成类制药工业水污染物排放标准	GB 21904—2008	2008 – 06 – 25	2008 – 08 – 01
15	提取类制药工业水污染物排放标准	GB 21905—2008	2008 – 06 – 25	2008 – 08 – 01
16	中药类制药工业水污染物排放标准	GB 21906—2008	2008 – 06 – 25	2008 – 08 – 01
17	生物工程类制药工业水污染物排放标准	GB 21907—2008	2008 – 06 – 25	2008 – 08 – 01
18	混装制剂类制药工业水污染物排放标准	GB 21908—2008	2008 – 06 – 25	2008 – 08 – 01
19	制糖工业水污染物排放标准	GB 21909—2008	2008 – 06 – 25	2008 – 08 – 01
20	制浆造纸工业水污染物排放标准	GB 3544—2008	2008 – 06 – 25	2008 – 08 – 01
21	淀粉工业水污染物排放标准	GB 25461—2010	2010 – 09 – 27	2010 – 10 – 01
22	酵母工业水污染物排放标准	GB 25462—2010	2010 – 09 – 27	2010 – 10 – 01
23	油墨工业水污染物排放标准	GB 25463—2010	2010 – 09 – 27	2010 – 10 – 01
24	磷肥工业水污染物排放标准	GB 15580—2011	2011 – 04 – 02	2011 – 10 – 01
25	弹药装药行业水污染物排放标准	GB 14470.3—2011	2011 – 04 – 29	2012 – 01 – 01
26	汽车维修业水污染物排放标准	GB 26877—2011	2011 – 07 – 29	2012 – 01 – 01

续表

序号	标 准 名 称	标准编号	发布时间	实施时间
27	发酵酒精和白酒工业水污染物排放标准	GB 27631—2011	2011-10-27	2012-01-01
28	缫丝工业水污染物排放标准	GB 28936—2012	2012-10-19	2013-01-01
29	毛纺工业水污染物排放标准	GB 28937—2012	2012-10-19	2013-01-01
30	麻纺工业水污染物排放标准	GB 28938—2012	2012-10-19	2013-01-01
31	纺织染整工业水污染物排放标准	GB 4287—2012	2012-10-19	2013-01-01
32	合成氨工业水污染物排放标准	GB 13458—2013	2013-03-14	2013-07-01
33	柠檬酸工业水污染物排放标准	GB 19430—2013	2013-03-14	2013-07-01
34	制革及毛皮加工工业水污染物排放标准	GB 30486—2013	2013-12-27	2014-03-01
35	船舶水污染物排放控制标准	GB 3552—2018	2018-01-16	2018-07-01
36	电子工业水污染物排放标准	GB 39731—2020	2020-12-08	2021-07-01

思 考 与 练 习

1. 水体污染源有哪几种？它们各有何特点？

2. 何为 BOD、COD、OC、TOC、TOD？

3. 地下水污染与地表水污染有哪些主要区别？

4. 重金属中"五毒"指哪些元素？重金属污染有什么特点？

5. 废水处理有哪些基本方法？

6. 废水物理处理法有哪些？

7. 废水生物处理法有哪些？

第 5 章
土壤污染及其防治

---- 本章导读 ----

　　本章基于土壤污染与修复的科学问题以及国家需求，介绍土壤的定义、土壤的基本结构与特性、土壤污染的特点、土壤污染修复原理和技术、土壤污染相关法律法规和标准等。学习重点是土壤污染后的修复技术，并结合案例来理解农田土壤污染治理技术。

　　通过对比分析土壤污染治理前后的效果和影响，树立环境忧患意识，培养环境保护责任，形成科学的环境伦理道德观。

土壤污染及其修复是当今环境科学新的研究热点之一，备受国内外环境科技工作者的重视。与大气、水体相比，土壤是一个复杂的物理、化学与生物的复合环境介质，是一个重要的生态剖面，许多环境化学、环境生物、环境毒理的规律与机制，可以通过土壤生态剖面加以观察、研究。我国农药、化肥和重金属污染农产品的问题是限制我国农产品出口的主要瓶颈。减少与消除高毒农药的危害，已成为我国农业环境亟待解决的重要问题。污灌、污泥等造成的土壤污染，还将长期影响农作物的生长和农产品的品质。

　　污染土壤成为主要污染源，污染底泥成为二次污染库。土壤污染的控制与治理成为重要的科学问题。土壤污染与修复是中国保证农产品安全、推动农村生态环境保护和全面建设小康社会的国家战略需求。

5.1　土壤的定义

　　土壤是存在于地球表层，能产生植物收获物的地球陆地的疏松表层，是岩石圈、水圈、大气圈和生物圈相互进行物质循环和能量转换的产物，是在母质（岩石及其风化物）、气候、生物、地形、时间等因素相互作用下形成的自然体（图 5.1）。

　　土壤是一个复杂的物质系统，组成物质包括无机物和有机物，能为作物生长提供水、空气和养分。可以说，土壤是绝大多数动、植物和微生物赖以生存、繁衍的物质基础，也是人类赖以生存的基础和活动场所。

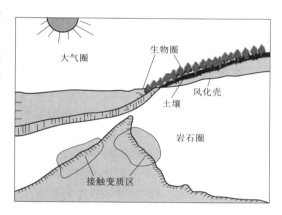

图 5.1　土壤的组成

5.2　土壤的结构与性质

5.2.1　土壤的结构

1. 土壤的剖面结构

　　土壤的垂直断面结构称为土壤剖面结构。土壤从地面垂直向下是由不同土层构成的，这种土壤垂直断面称为土壤剖面结构。不同的土壤类型有着不同的土壤剖面结构。19 世纪末，俄国土壤学家倒库恰耶夫最早把土壤剖面分为三个发生层，即腐殖质聚积表层（A）、过渡层（B）和母质层（C）。1967 年国际土壤学会提出把土壤剖面划分为有机层（O）、腐殖质层（A）、淋溶层（E）、淀积层（B）、母质层（C）、母岩层（R）等 6 个发生层。我国近年来在土壤调查和研究中也趋向于采用 O、A、E、B、C、R 土层命名法（图 5.2）。

有机层：植物残体堆积层，以分解和半分解
的有机质为主

腐殖质层：腐殖质积累，颜色较深，呈灰黑
色或黑色

淋溶层：由于淋溶作用使物质迁移和损失，
本层矿物质淋失，有机质含量低，
颜色较浅

淀积层：上层淋失的物质在此沉淀、积累，
质地黏重紧实，呈棕色或红棕色

母质层：疏松的风化
碎屑物质　　土壤形成发育的
原始物质基础

母岩层：坚硬的岩石

图 5.2　土壤剖面结构

2. 土壤的组成

土壤是由固相、液相、气相物质组成的一个复杂体系。土壤中的固相物质包括无机物和有机物两大部分。土壤中的无机物即土壤矿物质是土壤物质组成的主体部分，主要包括原生矿物和次生矿物。原生矿物是指直接来源于岩石，在岩石的物理风化中形成的矿物部分；次生矿物则是岩石化学风化和成土过程中新形成的矿物质，如各种矿物盐类、铁、铝氧化物类和黏土矿物成分等，土壤矿物质占土壤固相部分重量的 90%～95%。有机物部分又可分为有机质和活性有机体。有机质指的大分子有机物——腐殖质，主要集中分布在土壤表层，其数量比例虽不大，但它是土壤环境的重要物质成分。此外，还有处于未分解或半分解状态的有机残体和可溶性简单有机化合物。活性有机体指的是种类繁多、数量巨大的土壤微生物和土壤动物。固相物质约占土壤总容积的 50%。土壤中存在着形状、大小不同的空隙，在空隙中存在着液相物质（水溶液）和气相物质（空气），气相和液相之和约占土壤总容积的 50%，而土壤环境中的溶液（液相）和空气（气相）状况决定于土壤质地和团聚体结构。

3. 土壤质地和团聚体结构

土壤质地又称土壤机械组成，是指土壤矿物质部分各矿物颗粒粒级（砂粒、粉砂粒和黏粒）的质量百分比。据此可将土壤分为砂土、壤土和黏土等不同的质地。凡是黏粒含量大于 30% 的土壤均划分为黏质土类，而砂粒含量大于 60% 的土壤均划分为砂质土类。土壤质地是土壤的最基本物理性质之一，对土壤的各种性状，如土壤的通透性、保蓄性、耕性以及养分含量等都有很大的影响，是评价土壤肥力和作物适宜性的重要依据。不同的土壤质地往往具有明显不同的农业生产性状，了解土壤的质地类型，对农业生产具有指导价值。

土壤质地和结构决定土壤总孔隙度，从而成为影响土壤水分、温度状况的主要因素。

土壤团聚体是土粒经各种作用形成的直径为 0.25～10mm 的结构单位，是土壤中各种物理、化学和生物作用的结果。土壤团聚体形成的过程是一个渐进的过程，大体上可分为两个阶段：第一阶段是矿物质和次生黏土矿物颗粒，通过各种外力或植物根系挤压相互黏结，凝聚成复粒或团聚体；第二阶段是团聚体或复粒再经过胶结、根毛和菌丝体的固定作用形成团聚体。在自然界中实际上这两种作用是很难截然分开的，在一定条件下，单粒也可以直接形成团聚体。

土壤团聚体的形成，必须具备一定的条件，主要包括以下几个方面：

（1）需要有足够的细小土粒。细小的土粒包括微团聚体和单粒。土粒越细，其黏结力越大，越有利于复粒的形成。过砂的土壤不能形成团聚体。

（2）胶结作用。指土粒通过有机和矿质胶体结合在一起的过程。土壤中的胶结物质有两大类：一类是有机胶物质，如有机质中的多糖、胡敏酸、蛋白质等；另一类是矿质胶结物质，如硅酸、含水氧化铁、含水氧化铝及黏土矿物等。腐殖质是最理想的胶结剂（主要是胡敏酸），与钙结合形成不可逆凝聚状态，其团聚体疏松多孔，水稳性强。含水氧化铁、含水氧化铝、黏粒形成的团聚体是非水稳性团聚体。

（3）凝聚作用。指土粒通过反荷离子等作用而紧固的过程。带负电荷的土壤胶粒相互排斥呈溶胶状态，但在异性电子 Ca^{2+}、Fe^{3+} 等阳离子的作用下，使胶粒相互靠近凝聚而形成复粒，这是形成团聚体的基础。

（4）团聚作用。指由于各种力的作用使土粒团聚在一起的过程。主要的外力有以下几种：

1）植物根系及掘土动物。对土粒的穿插、切割、挤压而促使土块破裂，根系、掘土动物在土壤中的活动，微生物、菌丝体对土粒的缠绕起到成型动力的作用。

2）土壤耕作的作用。定时的合理耕作、中耕、耙、镇压等措施具有切碎、挤压等作用，有利于促进团聚体的形成。

3）土壤的干湿交替、冻融交替作用。干湿交替指土壤反复经受干缩和湿胀的过程，冻融交替指土壤反复经受冷冻和热融的过程。

土壤团聚体是土壤结构构成的基础，其特点是多孔性与水稳性，影响土壤的各种理化性质。团聚体的稳定性直接影响土壤表层的水、土界面行为，特别是与降雨入渗和土壤侵蚀关系十分密切，具体表现在土壤孔隙度大小适中，持水孔隙与充气孔隙并存并有适当的数量和比例，因而使土壤中的固相、液相和气相相互处于协调状态。所以，一般认为，团聚体多是土壤肥沃的标志之一。

5.2.2　土壤的性质

土壤作为人类社会赖以生存和发展的重要自然资源，其最基本的特性之一就是具有肥力。所谓土壤肥力，是指土壤具有连续不断地供应植物生长发育所需的水分、营养元素以及协调土壤空气和温度等环境条件的能力。按其产生的原因可将土壤肥力分为自然肥力和人工肥力。自然肥力是在自然成土因素如生物、气候、母质、地形地貌、水文和时间等共同作用下形成的肥力；而人工肥力则是在人为活动如种植、耕作、施肥、灌溉和土壤改良措施等的影响下产生的肥力。对于农业土壤而言，土壤所表现出的肥力水平是自然肥力和人工肥力的综合体现。在合理利用的情况下，土壤肥力是可以维护、更新和不断提高的，因此土壤属于可再生的自然资源。

此外，土壤还具有同化和代谢外界输入物质的能力，也即土壤的净化能力。它能消纳部分污染物质，减少对土壤环境的污染。关于土壤性质的几个基本认识如图5.3所示。

5.2.3　土壤环境元素背景值和土壤环境容量

1．土壤环境元素背景值

土壤环境元素背景值简称土壤环境背景值，指未受或很少受人类活动影响的土壤中化学元素的自然含量。土壤环境背景值是自然成土因素和成土过程综合作用下的产物。不同土壤类型的土壤环境背景值差别较大，主要受成土母质、土壤类型、气候、地形、植被等的影响。因此，土壤环境背景值是统计性的范围值、平均值或中位值，而不是简单的一个确定值。目前在全球范围内已很难找到绝对不受人类活动影响的地区和土壤，现在所获得的土壤环境背景值只代表远离污染源、尽可能少受人类活动影响的有相对意义的数值。

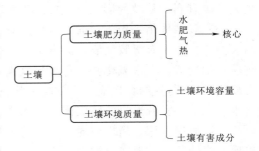

图5.3　土壤性质的基本认识

（1）土壤环境背景值研究的意义。研究土壤环境背景值具有以下重要实践意义：

1）土壤环境背景值是土壤环境质量评价，特别是土壤污染综合评价的基本依据。如评价土壤环境质量、划分质量等级、评价土壤是否已发生污染、划分污染等级等，均必须以区域土壤环境背景值作为对比的基础和评价的标准，并用以判断土壤环境质量和污染程度，以制定土壤污染的防治措施。

2）土壤环境背景值是研究和确定土壤环境容量，制定土壤环境标准的基本数据。

3）土壤环境背景值是研究污染元素和化合物在土壤环境中的化学行为的依据。因为污染物进入土壤环境之后的组成、数量、形态和分布变化，都需要与环境背景值比较才能加以分析和判断。

4）在土壤利用及其规划，研究土壤生态、施肥、污水灌溉、种植业规划，保障农业产品质量及安全时，土壤环境背景值也是重要的参比数据。

（2）我国开展的土壤环境背景值相关研究工作。我国土壤环境背景值研究始于20世纪70年代中期，由中国科学院有关院所会同环保部门在北京、南京和广州等地区开展了相关研究工作。

1）13个省市主要农业土壤和主要作物9种元素背景值调查。1978年原农牧渔业部组织农业研究部门、中国科学院、环保部门和大专院校共34家单位，对北京、天津、上海、黑龙江、吉林、山东、江苏、浙江、贵州、四川、陕西、广东、新疆等13个省（自治区、直辖市）的主要农业土壤和粮食作物中的9种元素含量进行了调查研究。

2）1982年国家将环境背景值调查研究列入"六五"重点科技攻关项目，委托中国环境监测总站负责组织有关部门和单位在我国东北、长江流域和珠江流域几个主要气候带的典型区域开展了土壤和水体环境的背景值研究。土壤背景值研究于湘江谷地（21万 km²）和松辽平原（24万 km²）取样，分别在430个和934个采样点采集土样，获得了铜、铅、

锌、镉、镍、铬、汞和砷 8 种元素的背景值。

3）"七五"期间，国家将"全国土壤背景值调查研究"列为重点科技攻关课题，由中国环境监测总站、北京大学地理系、中国科学院沈阳应用生态所为组长单位，各省、自治区、直辖市的监测科研单位、大专院校和中国科学院有关院所共计 60 余家单位参加联合攻关。调查范围包括港澳台以外的我国内地各省、自治区、直辖市，共采集了 4095 个剖面样品，11500 个土壤样本进入样品库。并测试了 pH 值、有机质、土壤粒度、砷、镉、钴、铬、铜、氟、汞、镍、铅、硒、钒和锌等项目。从 4095 个剖面中选择了 862 个作为主剖面，加测 48 种元素，得到 61 个元素的土壤环境背景值，其中常量元素 7 个，微量元素 54 个。编辑出版了《中国土壤元素背景值》和《中华人民共和国土壤环境背景值图集》。

4）"菜篮子"基地、污水灌溉区土壤环境监测。2001 年 9—10 月，中国环境监测总站组织对北京、上海、天津和深圳 4 个"菜篮子"试点城市的蔬菜生产基地进行了环境质量调查监测，调查范围包括北京市朝阳区和通州区、天津市西青区、上海市青浦区、深圳市宝安区及山东省寿光市。2003 年，中国环境监测总站组织对 38 个重点城市和山东省寿光市"菜篮子"基地、污水灌溉区和有机食品生产基地进行了土壤环境质量专项调查工作，共对 52 个"菜篮子"基地、13 个污灌区（分布在 11 个省份）和 22 个有机食品生产基地（分布在 8 省 11 市）的土壤环境质量进行了调查监测。

5）"十一五"全国土壤污染状况专项调查。2006—2009 年开展了全国土壤背景点环境质量调查与对比分析，在"七五"全国土壤环境背景值调查的基础上，采集可对比的土壤样品，分析 20 年来我国土壤背景点环境质量变化情况。据"七五"全国土壤环境背景值调查中 4095 个土壤典型剖面和 862 个主剖面的点位坐标，在原调查点位采集土壤样品、进行分析测试并对比分析有关监测结果。同时，取全国土壤环境背景样品库中 20% 的样品进行同步分析测定，完成了总站土壤背景值样品的迁移、入库和建档工作，并根据土壤样品库特点委托软件公司开发了样品库信息系统软件等。

2. 土壤环境容量

土壤环境容量是在不影响人类生存和危害自然生态的前提下，土壤环境所能容纳的污染物的最大负荷量。即在一定的土壤环境单元和一定的时限内，遵循环境质量标准，既维持土壤生态系统的正常结构与功能，保证农产品生物学的产量和质量，也不使环境系统受到污染时，土壤环境所能容纳污染物的最大负荷量。

研究土壤环境容量具有以下重要实践意义：①土壤环境容量是制定土壤环境标准的重要依据；②土壤环境容量是制定农田灌溉用水水质和水量标准的依据；③土壤环境容量是制定污泥施用量标准的依据；④土壤环境容量模型可用于区域土壤污染预测与土壤环境质量评价；⑤土壤环境容量是实现污染物总量控制的重要基础。

土壤环境容量一般有两种表达方式：一是在满足一半目标值的限度内，特定区域土壤环境容纳污染物的能力，其大小由环境自净能力和特定区域土壤环境"自净能力"总量决定；二是在保证不超过环境目标值的前提下，特定区域土壤环境能够容许的最大允许排放量。当污染物存在的浓度超过土壤最大纳污量，土壤环境的生态平衡和正常功能就会遭到破坏。土壤环境容量可分为土壤环境绝对容量（静容量）和土壤环境年容量（动容量）两类。

土壤环境绝对容量（W_Q）是某一环境所能容纳某种污染物的最大负荷量，达到绝对容量没有时间限制，即与年限无关。土壤的绝对容量由土壤环境标准的规定值（W_S）和土壤环境背景值（B）来决定，以浓度单位表示的土壤环境绝对容量（mg/kg）的计算公式为

$$W_Q = W_S - B \qquad\qquad (5.1)$$

土壤环境年容量（W_A）是某一土壤环境在污染物的积累浓度不超过环境标准规定的最大容许值的情况下，每年所能容纳的某污染物的最大负荷量。土壤年容量的大小除了与环境标准规定值和环境背景值有关外，还与环境对污染物的净化能力有关。由于土壤是一个开放系统，污染物既可以进入土壤，也可以离开土壤。所以，土壤年容量是根据污染物的残留量计算出土壤的环境容量的。若某污染物对土壤环境的输入量为 A（单位负荷量），经过一年时间后，被净化的量（年输出量）为 A'，以浓度单位表示的土壤环境年容量的计算公式为

$$W_A = K(W_S - B) \qquad\qquad (5.2)$$

其中
$$K = \frac{A'}{A} \times 100\% \qquad\qquad (5.3)$$

式中　K——某污染物在某一土壤环境中的年净化率。

年容量与绝对容量的关系为

$$W_A = K W_Q \qquad\qquad (5.4)$$

5.2.4　土壤在地球表层环境系统中的地位和作用

土壤是地球表层环境系统的一个重要组成要素。由于土壤圈在地球表层环境系统中位于大气圈、水圈、岩石圈和生物圈的界面交接地带，是无机界和有机界联系的纽带，是地球表层环境系统中物质与能量迁移和转化的重要环节，因此，土壤对维护和保持地球表层环境系统的自然生态平衡和环境质量具有不容忽视的重要作用。

土壤不仅是维持地球上大多数动物、植物生长发育的基础，也是人类生存和发展所必须的条件。人们不仅向土壤索取了大量的粮食，还利用土壤的净化能力消纳了各种污染物质，使其成为处理和处置各种废物的场所。

5.3　土壤污染及其特点

人类在生产和生活活动中产生的"三废"直接或间接通过大气、水体和生物向土壤系统排放，当排入土壤系统的"三废"物质数量破坏了原来的平衡，引起土壤系统成分、结构和功能的变化，即发生土壤污染。

土壤污染有自然污染和人为污染两大类。在自然界中，在某些自然矿床中元素和化合物富集中心周围往往形成自然扩散晕，使附近土壤中某些元素的含量超出一般土壤含量，这类污染称为自然污染。而源于工业、农业、生活和交通等人类活动所产生的污染物，通过水、气、固等多种形式进入土壤，统称为人为污染。土壤污染的发生特征主要是与土壤

的特殊地位和功能相联系的。

土壤污染物大致可分为无机污染物和有机污染物两大类。无机污染物主要包括酸、碱、重金属，盐类，放射性元素铯、锶的化合物，含砷、硒、氟的化合物等。有机污染物主要包括有机农药、酚类、氰化物、石油、合成洗涤剂、3,4-苯并芘以及由城市污水、污泥及厩肥带来的有害微生物等。当土壤中含有害物质过多，超过土壤的自净能力，就会引起土壤的组成、结构和功能发生变化，微生物活动受到抑制，有害物质或其分解产物在土壤中逐渐积累通过"土壤→植物→人体"，或通过"土壤→水→人体"间接被人体吸收，达到危害人体健康的程度，就是土壤污染。

5.3.1 土壤污染的特点

（1）隐蔽性和滞后性。土壤污染往往要通过对土壤样品和农作物进行分析化验，以及对摄食的人或动物进行健康检查才能揭示出来，土壤从产生污染到其危害被发现具有一定的隐蔽性和滞后性。如日本的"痛痛病"经过 $10\sim20$ 年之后才被人们所认识。

（2）累积性和地域性。污染物质在大气和水体中，一般都比在土壤中更容易迁移。这使污染物质在土壤中并不像在大气和水体中那样容易扩散和稀释，因此容易在土壤中不断积累而超标，同时也使土壤污染具有很强的地域性。

（3）不可逆性/持久性。污染物进入土壤环境后，通常与复杂的土壤组成物质发生一系列的反应，并且许多反应是不可逆的，很容易使污染物形成难溶性化合物而沉淀于土壤中。如重金属对土壤的污染基本上是一个不可逆转的过程，被某些重金属污染的土壤可能要 $100\sim200$ 年时间才能够恢复。许多有机化学物质的污染也需要较长的时间才能降解。

（4）环境迁移与扩散影响。如果大气和水体受到污染，切断污染源之后通过稀释作用和自净化作用也有可能使污染问题不断逆转，但是积累在污染土壤中的难降解污染物则很难靠稀释作用和自净化作用来消除。

土壤污染一旦发生，仅依靠切断污染源的方法往往很难恢复，有时要靠换土、淋洗土壤等方法才能解决问题，其他治理技术可能见效较慢。因此，治理污染土壤通常成本较高、治理周期较长。鉴于土壤污染难于治理，而土壤污染问题的产生又具有明显的隐蔽性和滞后性等特点，因此土壤污染问题一般都不太容易受到重视。

5.3.2 土壤污染的类型

按土壤污染源和污染物进入土壤的途径，土壤污染可分为以下几种类型：

（1）水质污染型。即利用工业废水、城市生活污水和受污染的地表水进行灌溉而导致的土壤污染。此类污染是我国土壤污染的重要类型，约占土壤污染面积的 80%。污水灌溉的土壤污染物质集中于土壤表层，但随着污灌时间的延长，污染物也由上部土体向下扩散和迁移，甚至渗透至地下潜水层。水质污染型的污染特点是沿河流或干支渠呈树枝形片状分布。

（2）大气污染型。即大气污染物通过干、湿沉降过程而导致的土壤污染。如大气气溶胶的重金属、放射性元素和酸性物质等所造成的土壤污染。这种污染类型的土壤污染物也主要集中于土壤表层。其污染特点是污染土壤以大气污染源为中心呈环状、扇形、椭圆形

或条带状分布，污染面积则主要取决于大气污染物的性质、排放量和排放形式。

（3）固体废物污染型。主要是工矿企业排出的废渣、污泥和城市垃圾在地堆放或处置过程中通过扩散、降水淋溶、地表径流等方式直接或间接地造成的土壤污染。这种污染属点源性土壤污染，污染物的种类和性质非常复杂。目前，随着工业化和城市化的发展这种污染在我国有逐渐扩大之势。

（4）农业污染型。是指农业生产中因长期施用化肥、农药、垃圾堆肥和污泥而造成的土壤污染。主要污染物一般为化学农药、重金属和氮磷富营养化污染物等。该类型污染属于面源污染，污染物主要集中于土壤耕作层。近年来，随着我国养殖业规模化、集约化的发展，由过量堆积或施用未经处理的畜禽粪便所造成的土壤污染也日益严重，也应引起人们的注意。

（5）综合污染型。由多种污染源和多种污染途径同时造成的土壤污染。即某地区的土壤污染可能是由大气、水体、农药、化肥和污泥施用等多种污染因素造成的，其中以一至两种污染物影响为主。

5.3.3 土壤污染物的属性

土壤污染物按其性质可分为以下三种类型：

（1）化学型。化学污染物包括有机污染物和无机污染物，有机污染物主要是农药（如有机氯类、有机磷类、苯氧羧酸和苯酰胺类）、酚、氰化物、3，4－苯并芘、石油、有机洗涤剂、塑料薄膜等污染物。无机物污染物主要包括重金属（如铜、锌、铅、镉、铬、汞、砷等）以及盐、酸、碱类污染物。

（2）放射性污染型。主要是由于大气层核爆炸降落的污染物以及人类排放的放射性物质（如核泄漏、核试验、放射性废物的处置等）。这些污染物通过自然沉降、雨水冲刷和废弃物堆放等途径进入土壤，使土壤放射性水平高于自然本底值。

（3）生物污染型。生物污染物主要是土壤中的一些外源有害生物种群（如寄生虫、病原菌及病毒等）在土壤中长期存活并危害植物和植物产品，有时也可能引发人类疾病甚至造成某些疾病的流行。当这些被污染的土壤经雨水冲刷进入水体后，也会造成水体污染。生物污染物的主要来源是未经处理的人畜粪便、垃圾、污泥以及用于灌溉的污水（未经处理的生活污水和医院污水）等。

5.3.4 土壤污染物质

（1）有机物类：农药（如除草剂）、酚、苯并芘、油类等。
（2）化学肥料：氮、磷、微量营养元素。
（3）重金属：镉、汞、铅、镍、铬、砷、铜、锌。
（4）放射性物质：铯－137、锶－90等。
（5）致病微生物：肠细菌、肠寄生虫、结核杆菌。

5.3.5 土壤污染来源

大量的有毒有害物质通过大气沉降、废水和污水排放、工业固废和城市垃圾倾倒、化

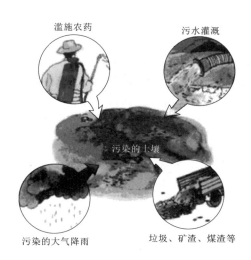

濫施农药　　污水灌溉

污染的土壤

污染的大气降雨　　垃圾、矿渣、煤渣等

图 5.4　土壤污染源

学农药施用等途径进入土壤（图 5.4），对环境和人体健康造成危害。土壤污染物来源广泛，可分为以下几种：

（1）工业污染源。工矿企业、化工企业、钢铁冶炼企业等排放的废水、废气和废渣等是土壤环境中污染物最重要的来源之一。

（2）农业污染源。是指出于农业生产自身需要而进入土壤的化肥、农药、畜禽粪便以及其他农用化学品和残留于土壤中的农药薄膜等。

（3）生活污染源。大量的生活污水通过城市排水系统进入土壤污染，生活垃圾被运到城市周围堆放，导致城镇及其周边地区局部的土壤污染。

（4）其他污染源。汽车尾气中的各种有毒有害物质通过大气沉降造成对土壤的污染，以及废弃物焚烧等。

5.4　污染物在土壤环境中的迁移转化

污染物在土壤环境中的迁移转化过程可分为物理过程、化学过程、物理化学过程和生物过程。

5.4.1　物理过程

土壤是一个多相的疏松多孔体系，污染物在土壤中可产生挥发、扩散、稀释和浓集等反应，从而降低其在土壤中的浓度。影响该过程的因素主要是土壤的温度、湿度以及土壤的结构和质地。

5.4.2　化学过程

1. 溶解和沉淀

主要指土壤中重金属化合物的溶解和沉淀，是土壤环境中重金属化学迁移的重要形式。溶解和沉淀一般为可逆反应，当反应向溶解方向进行时，就增强了重金属化合物的活性，相反则可降低或减缓重金属的活性和毒性。

2. 络合–螯合作用

土壤环境中存在许多天然的无机和有机配位体，如羟基、氯离子、腐殖酸、有机酸和酶等物质，以及大量人工合成的有机配位体，如农药和其他有机污染物等。因而土壤中普遍存在配合作用和螯合作用，并且日益受到人们的重视。络合–螯合作用是影响土壤污染物，特别是重金属和农药转化的重要途径。例如羟基、氯离子与重金属配合生成重金属羟基配合物和水溶性氯配离子后，可大大提高重金属化合物的溶解度；重金属与富里酸可形成稳定的可溶性螯合物，而与腐殖质则形成难溶的螯合物等。

3. 中和作用

土壤环境中酸性物质包括土壤溶液中无机酸、有机酸化合物以及土壤胶体吸附的 H^+、Al^{3+} 等；碱性物质主要有碳酸盐、溶液中碱土或碱金属离子、OH^- 和其他碱性盐类等。通常，土壤酸碱度（pH 值）的高低就取决于土壤中酸性物质和碱性物质之间的化学平衡反应。根据土壤 pH 值的高低，可将土壤分为酸性（pH＜6.5）、中性（pH＝6.5～7.5）和碱性（pH＞7.5）土壤。土壤有机质和黏土矿物等可使土壤环境对外源酸性和碱性物质具有一定的抵御能力，这种性质称为土壤的酸碱缓冲性能，而这种缓冲作用有利于降低某些酸碱污染物对土壤的影响。

5.4.3　物理化学过程

1. 吸附与解吸

包括物理和物理化学吸附，但主要指土壤胶体表面对离子或化合物的吸附与解吸作用。土壤胶体具有巨大的表面积，因范德华力可对污染分子化合物进行吸附，这种吸附称为物理吸附。而土壤环境中最为重要的是带有正负电荷的土壤胶体对土壤溶液中带相反电荷的离子的吸附交换作用。因土壤胶体一般带负电荷，所以土壤中主要进行的是对阳离子的吸附与解吸作用。土壤胶体对阳离子的吸附交换量，称为阳离子交换量（或代换量），以单位 mol/kg 表示。其交换量的大小与土壤胶体所带的负电荷数量有关，而土壤胶体的负电荷又取决于土壤胶体类型和含量。由于土壤胶体中还存在可变性负电荷量，它与土壤的 pH 值有关，一般随土壤 pH 值的增高而增高，因而土壤阳离子交换量也随 pH 值升高而增加。就土壤胶体类型而言，一般土壤有机胶体（如腐殖质）的阳离子交换量大于无机胶体的阳离子交换量，有机胶体中胡敏酸的含量大于富里酸的含量。无机胶体主要指土壤黏土矿物，无机胶体中 2∶1 型黏土矿物的含量大于 1∶1 型黏土矿物的含量。由于土壤环境的阳离子除盐基离子外还有 H^+ 和 Al^{3+} 等酸性离子，而土壤中盐基离子的数量占总阳离子吸附交换量的百分比称为盐基饱和度，盐基饱和度的大小是影响土壤酸碱缓冲性能大小的重要因素。

同样，土壤中也存在带正电荷的胶体，它们也可以对土壤溶液中阴离子进行吸附交换作用，其吸附交换量称为阴离子交换量。

离子的吸附交换能力大小与该离子的电荷大小和浓度有关。其吸附交换能力大小顺序为：三价阳离子＞二价阳离子＞一价阳离子。

土壤环境中除离子吸附交换作用（有时也称为非专性吸附作用）外还存在着专性吸附，其吸附机理及其土壤重金属和农药污染物迁移转化中的作用，也受到土壤环境学家的重视与关注。

2. 氧化还原作用

土壤环境中的氧化剂主要是土壤空气中的游离氧、高价金属化合物和硝酸根等；还原剂主要为土壤中的有机质、低价金属化合物等。土壤中氧化还原作用是影响有机污染物降解速度和强度、重金属的存在形态、迁移转化、活性或毒性的重要因素。反映这一作用过程性质的指标是土壤环境的氧化还原电位。影响这一作用的主要因素是土壤有机质含量、矿物组成、土壤通气状况以及与之有关的土壤结构、质地和水分含量等。

5.4.4 生物过程

土壤环境中的生物迁移转化主要表现为两个方面：一是高等绿色植物和土壤生物对生命必需元素的选择吸收，以维持生物的正常生命活动和土壤功能；二是绿色植物和土壤生物对污染元素和化合物的被动吸收，其结果是土壤的正常功能和生态平衡遭到破坏、生物污染致使植物产品的数量和质量下降。

5.5 土壤修复

5.5.1 土壤修复原理

污染土壤修复是指利用物理、化学和生物的方法转移、吸收、降解和转化土壤中的污染物，使其浓度降低到可接受水平，或将有毒有害的污染物转化为无害的物质。从根本上说，污染土壤修复的技术原理包括以下内容：

（1）改变污染物在土壤中的存在形态或同土壤的结合方式，降低其在环境中的可迁移性与生物可利用性。

（2）降低土壤中有害物质的浓度。

图 5.5 所示为土壤重金属污染的植物修复原理。

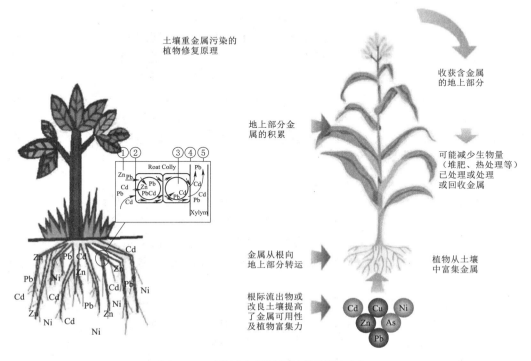

图 5.5 土壤重金属污染的植物修复原理

5.5.2　土壤修复技术

20 世纪 90 年代以来，世界各国对污染土壤修复技术进行了广泛的研究，取得了较大的进展和突破，开发了一系列的污染土壤修复技术。按修复场地，污染土壤修复可分为原位修复和异位修复；按工艺原理，可分为物理修复、化学修复和生物修复，在生物修复中又以微生物与植物修复应用最为广泛。

1. 物理修复

物理修复指的是通过物理方法完成对土壤物理特性的改变达到修复污染的目的，物理方法由于效果比较好，能够更好地适应各类修复要求，但是其在使用过程中工艺复杂，成本也相对较高，而且很容易影响土壤的肥力。物理方法主要有清洗法、蒸发法、电修复法、热修复法、挖掘填埋法、通风去污法、焚烧法等。在利用物理方法进行修复的时候，可以对污染土壤实施良土回填，换土是将已经被污染的土壤整体清挖后进行异位修复，并在原位进行良土回填。换土可最快速地保证原地块能投入后续开发使用，同时不影响在异位完成相应的污染土壤修复工作。蒸汽浸提主要是给土层中输入新鲜空气，能够降低土层中的压力，利用浓度差的原理排出污染物，该方法使用的时候需要针对区域内的土壤性状、气候环境等做好勘察。电动力则是在土壤当中施加电压，能够完成电解和迁移，进行沉淀等步骤，完成清洁工作，该方法的造价比较低，工作量比较小，在目前的治理过程中前景比较好。热处理则是对污染土壤进行加热，使污染物质受热分解，起到清除污染物的作用。

2. 化学修复

化学修复包含了化学淋洗、超临界萃取、光化学降解、化学氧化、化学栅（沉淀栅、吸附栅、联合栅）等。淋洗方法是利用溶剂进行污染物迁徙，利用重力或强制输送将淋洗剂加入土壤当中，使土壤中污染物迁移至液相中，再对含污染物的淋洗液进行后续治理，在该方法的使用过程中，需要重点关注该区域土壤的可溶性和迁移性。化学氧化需要使用氧化药剂对土壤中的有害化合物进行氧化分解，该工艺需要在受到污染的区域进行原位注入修复或污染土挖出后修复，将氧化剂加入土壤后产生化学反应使污染物得到分解。化学方法中还存在一种，就是在土壤中加入改良剂，调整土壤化学特性，使污染土壤得到改良修复。

3. 生物修复

生物修复主要利用植物或微生物进行修复，微生物可通过带电荷的细胞表面吸附重金属离子，或者通过摄取其必要的营养元素主动吸收重金属离子，将重金属离子富集在细胞表面或内部，以达到修复土壤的目的。如蚯蚓对砷、锌等金属的富集系数很大，因此在砷污染的土壤上放养蚯蚓，待其富集金属离子后，采用电击、灌水等方法驱除蚯蚓，集中处理，修复被金属污染的土壤。

植物修复的途径有两种，如图 5.6 所示。在受污染的土壤上种植对污染物有超强吸收能力的植物，可去除土壤中的污染物质，或将土壤中的污染物质富集到可获取的植物的地上部分。例如，对砷污染的土壤植物修复研究表明，非污染区植物砷的含量一般在 3.6mg/kg 左右，而在污染的土壤（砷含量为 18.8～1630mg/kg）中生长的蜈蚣草，其体内砷含量为 1442～7526mg/kg。因此，对砷污染的土壤可以大面积种植蜈蚣草，以修复土壤中的金属砷。圆锥南芥对铅、锌、镉有富集作用，这是国内最早发现的对铅、锌、镉的超富集植物。通过人为控制使植物吸收的重金属聚集在植物"非可食部分"，而不妨碍经济作物"可食部分"的生产与销售，从而使土壤污染治理更具有可行性。通过"植物过程的金属阻隔"与"土壤过程的金属阻隔"阻碍重金属进入植物的通道，从而达到安全生产的目的。

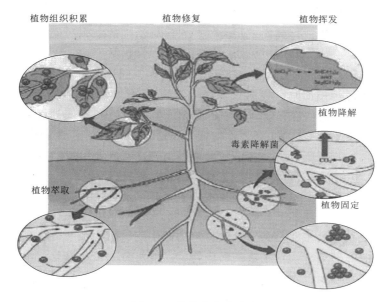

图 5.6　植物修复的途径

生物方法能够更好地考虑到永久修复的问题，其效果也非常显著，能够达到绿色、可持续的要求，因此具有很好的发展前景。主要有原位修复（接菌法、生物培养法、生物通风法、土耕法）和异位修复（生物泥浆、堆腐、制备床、厌氧处理）。

不同地区存在不同的土壤污染状态，例如耕地区、矿山区、工业区等都表现出不同的特点，其中，耕地区可加大生物法的修复力度，利用植物、微生物进行降解，降低成本、维持土壤理化性质；在矿山区，则常常出现废水、尾矿污染，需要研究各个修复方法的有效结合，能够减少土壤中有害物质的迁移，并大力研究植被修复方法，突出矿山区域治理绿色、可持续的特点；工业区治理可采用物理化学方法实施，提高污染土治理的效率，提高地块后续开发速度。

5.5.3　农田土壤修复

农田土壤污染目前已成为制约我国农业可持续发展并威胁食品安全的重要因素之一，不仅会对环境产生长期的影响，而且会通过食物链的传递对人体健康产生危害。为了确保农产品的质量安全，需加强污染农田的修复和潜在污染农田的控制。

5.5.3.1　我国农田土壤污染现状

我国农业生产长期采用高投入、高产出的模式，耕地的长期高强度、超负荷利用导致

土壤肥率下降，耕地质量退化，粮食产量和农产品供应面临挑战。加上化肥、农药等农资产品过量低效利用，以及工业"三废"无序排放，导致农田土壤综合质量退化，污染问题日益凸显，对生态环境、食品安全、人体健康已经构成了严重威胁，综合治理势在必行。

我国的土壤环境形势不容乐观，部分地区的土壤污染比较严重，耕地污染问题也比较突出。一是全国总的点位超标率为 16.1%，耕地总的点位超标率达到 19.4%，其中镉的点位超标率达到了 7.0%；二是总体判断以轻微和轻度污染为主，但中度和重度污染问题应该予以重视，从污染的过程来看，无机污染物超过 80%。土壤污染的成因主要是工矿业、农业、固体废物的堆放，其次就是大气、水污染治理的二次污染。

一方面，工业"三废"和城市生活污染向农业农村扩散严重。镉、汞、砷等重金属不断向农产品产地环境渗透，通过大气沉降、水体循环、固体废弃物排放等途径污染耕地。另一方面，农业面源污染加剧。我国每年产生大约 38 亿 t 畜禽粪污，但有效处理率仅为 42%，每年 7 亿 t 农作物秸秆有效利用率不足 50%，每年 130 万 t 地膜回收率不足 60%。化肥和农药利用率分别为 33% 和 35%，均低于发达国家。外部和产业内部的污染链交叉循环，造成环境污染物富集，耕地污染状况不断加剧，对农业生产造成巨大隐患。

5.5.3.2　农田土壤污染主要修复技术

农田土壤污染修复主要以原位修复技术为主，其可分为生物、物理和化学修复技术三大类型。

（1）生物修复技术。主要是利用土壤特定的微生物、植物根系分泌物、菌根和超富集植物等降解、吸收、转化或固定土壤的污染物，一般可分为植物修复技术、微生物修复技术，有时也包括动物修复技术。

（2）物理修复技术。主要有换土法、热处理法。

换土法是将污染土壤通过深翻到土壤底层（深层翻土法），或在污染土壤上覆盖清洁土壤（客土法），或将污染土壤挖走换上清洁土壤（换土法）将污染土壤与生态系统隔离。

热处理是通过加热的方式，将一些有机物和具有挥发性的重金属如汞、砷等从土壤中解吸出来，或者进行热固定的一种方法。

（3）化学修复技术。是向土壤中添加化学物质，通过吸附、氧化还原、拮抗或沉淀等作用与土壤中污染物发生反应，将污染物进行固定、解毒、分离提取的一种方法。

5.5.3.3　农田土壤污染修复技术选择三原则

1. 可行性原则

（1）技术上可行，选用的修复技术对污染农田土壤的治理效果比较好，能达到预期目标，能大面积实施和推广。

（2）经济上可行，治理成本不能太高，农村、农户应能够承受，便于推广，应尽量采用成熟度高和可操作性强的技术。

2. 安全性原则

尽可能选择对土壤肥力、生产力负面影响小的技术，如植物修复技术、微生物修复技术等。

在农田土壤修复技术实施过程中，不要带入新的污染物，不产生二次污染，不会对农田土壤环境、农作物和周边环境以及人群健康产生不利影响，风险可接受。

3．因地制宜原则

不能简单照搬已有的农田污染土壤治理技术，应根据土壤的污染面积、污染种类、污染程度、修复的时间、成本和未来土地用途等因素综合考虑，经过科学论证，选择合理的修复技术。

5.5.3.4　修复实践：植物为主

日本曾有大量的农田深受重金属污染之苦，因此在 1970 年发布的《农业土壤污染防治法》中就将铜、镉和砷定义为农田土壤有毒污染物。早期日本采用客土和灌溉的方法对污染农田进行治理，近年来则将研究重点放在了土壤淋洗和植物修复技术上。

英国早在 1983 年就提出了利用超富集植物清除土壤中重金属污染物的思想法，并首次利用遏蓝菜属植物成功修复了由于长期施用污泥而受到重金属污染的土壤。目前，英国已发现多种耐重金属污染的草本植物用于污染土壤中的重金属和其他污染物的治理，并建立了超富集植物材料库，进一步使这些草本植物得到商业化应用。

澳大利亚约有 200 万 hm^2 盐渍化农田，70% 分布在澳大利亚小麦带上，每年澳大利亚农业因盐渍化所蒙受的损失约为 13 亿澳元。澳大利亚以盐生灌木种植为切入点，采取长期生物降水排盐畜牧业生产跟进、休耕与免耕合理轮作结合、培肥地力等一系列生态盐碱地改良措施对盐渍化农田进行了修复。

我国农田土壤的污染来源有大气沉降、固体废物辐射、化肥与农药污染，其中最主要的污染物为重金属。固化/稳定化技术是我国农田土壤修复工程中最常用的修复技术，应用于我国 70% 以上农田土壤修复工程中，该技术的弊端是在一定程度上破坏土壤结构。随着不同金属超富集植物的不断发现，植物修复有望成为降低土壤重金属污染而又保持土壤结构的替代技术之一。

1．国外案例：客土法＋灌水技术

20 世纪二三十年代，日本富山县周边的矿业公司向神通川流域的河道中排放了大量含镉废水，造成周边地区土壤中镉含量超正常标准 40 多倍，导致该地区的水稻中镉含量普遍超标。当地人食用后出现肾脏功能衰竭、骨质软化、骨质松脆等症状，这便是著名的"痛痛病"。对此，日本采用了客土法和灌水技术来治理受污染农田。对于大米镉含量在 0.4～1.0mg/kg 的土壤采用灌水技术修复，对于大米镉含量超过 1.0mg/kg 的土壤采用客土法修复。据统计，富山县政府共更换了 863 hm^2 的土地，耗费 33 年时间，花了 407 亿日元。

2．国内案例：化学淋洗

2011 年 5 月，我国环境保护部在甘肃省白银市开展土壤修复示范工程。长期以来，由于该地区城郊农民截留工业污水进行农灌，导致农田土壤和作物中镉、砷、铅、汞等重金属超标。工程总投资 1100 万元，工期 2 年，选择白银区四龙镇民勤村 65 亩受重金属污染严重的农田进行修复。工程分别采用两种修复技术路线：采用化学淋洗-化学固定-生物质改性耦合方法修复 27 亩；采用化学淋洗-土壤改良方法修复 38 亩。修复后 65 亩弃耕地变为水浇地，土壤中重金属含量达到国家有关标准规定。

3．国内案例：植物修复

2000 年 1 月 8 日，湖南省郴州市苏仙区邓家塘乡发生一起严重砷污染事故：离村庄不远的郴州砷制品厂将禁止直接排放的闭路循环废水直接排放，导致部分村民不同程度地出现砷中毒，600 多亩稻田弃耕。2001 年，中国科学院土壤修复团队在郴州建立了世界上第一个砷污染土壤植物修复工程示范基地，示范工程面积共 15 亩。该工程首次使用了蜈蚣草作为砷的超富集植物。蜈蚣草叶片对于砷的富集能力极强，可富集砷最高达 0.5%，为普通植物的 20 万倍；具有极强的耐砷毒能力，能够生长在 0.15%～3% 的污染土壤和矿渣上。此外，蜈蚣草具有对砷和磷的协同吸收作用，增施磷肥可增强蜈蚣草对砷的吸收能力。该示范工程中蜈蚣草每年去除土壤砷的效率为 10% 左右，收割的蜈蚣草通过砷的固定剂后安全焚烧。

4. 国内案例：联合修复

江西省贵溪市贵溪冶炼厂周边土壤受重金属污染严重，土壤中铜、镉含量等均超标数倍以上，致使大片农田被迫废弃。当地政府于 2012 年 1 月启动修复工程，提出了使用"调理-消减-恢复-增效"联合修复技术的思路。

调理是指用物理调节＋化学改良的方法，调理污染土壤中重金属介质环境；消减是指用物理化学-植物/生物联合的方法，降低污染土壤中重金属总量或有效态含量；恢复是指在调理污染土壤介质环境、降低土壤重金属污染程度的基础上，联合植物及农艺管理技术，建立植被，逐次恢复污染土壤生态功能；增效是指增加污染修复区土地的生态效益、经济效益和社会效益。

工程中使用微米羟基磷灰石、普通磷灰石粉、石灰和生物质灰等按比例组合而成的改良材料，并联合巨菌草、海州香薷、香根草、伴矿景天、香樟、冬青和红叶石楠等植物，辅以一定的物理和农艺措施集成为能够规模化修复重度重金属污染土壤的技术——物理/化学-植物-农艺调控联合治理技术，至今已完成项目区 2000 多亩污染农田的修复。

5. 修复要点：综合治理

与工业污染场地相比，农田污染成因复杂、影响面广，治理问题更为复杂，在实施治理时必须把握以下六点：

（1）治理过程的长期性。从日本等国的经验看，农田污染治理周期长，很难在短期内取得成效，一定要做长期打算。

（2）治理对象的特殊性。农田污染治理一定要从农业生产的实际出发，保持农用地用途，保障农产品产出能力，不能简单照抄照搬工业污染场地的治理模式。

（3）利益主体的复杂性。农田污染治理既关系消费者饮食安全，也关系国家粮食安全和广大农民切身利益以及社会稳定。实施中要充分考虑农民利益，不能简单地一划了之、一禁了之。

（4）治理措施的综合性。农田污染成因复杂，要综合采取物理、化学、生物技术，配套农艺、工程措施。特别是要积极研究农艺、生物等不破坏农田土壤结构的方式来推动农田污染治理。

（5）治理投入的公益性。要坚持政府主导推进、农民主体实施的模式。同时，要积极探索社会资本参与的有效途径，但要慎言农田污染治理的产业化。

（6）治理手段的科学性。农田污染治理的任何一项技术都应该进行反复研究和试验示范，在研究上要积极，在推广上要慎重，切忌夸大和炒作，不能因治理技术不过关导致

"二次污染"。

5.5.3.5 农田土壤污染修复过程中需要注意的问题

（1）技术问题。坚持"风险可接受、技术可操作、经济可承受"的原则进行技术选择；应尽量采用技术成熟度较高和具有可操作性的技术，既有利于保证修复的效果，又便于规范管理和工程化。

（2）协作问题。与污染场地的治理不同，农田土壤修复涉及的利益方更加复杂，不仅需要环境保护部门的严格监管，而且需要有关科研机构、专业公司的参与，以及地方政府及有关部门，特别是农民的积极参加和配合。

农田土壤修复应尊重农民意愿，协调好修复技术单位、地方政府及有关部门、相关农户等各方面的关系。

（3）环境监管问题。实行第三方监理制度，进行全过程环境监管，土壤修复过程中产生的废水、废气和固体废物应进行安全处理处置，防止二次污染。

5.5.3.6 农田土壤污染修复的效益

农田土壤污染修复的效益一般包括环境、经济和社会效益三个方面。

（1）环境效益。是改善了土壤污染状况，提高了土壤质量，降低了土壤污染的环境风险，以及减少或规避对周边生态环境的不利影响。

（2）经济效益。是农田土壤功能和价值的提高，修复好的农田能保障农作物产量和农产品质量，做到农业增产、农民增收，创造直接经济效益。

（3）社会效益。是增加农民就业，改善"米袋子""菜篮子"和"水缸子"的质量，保障公众健康，减少由污染导致的群体性事件发生，促进社会和谐。

5.6　土壤污染相关法律法规及标准

5.6.1　土壤污染相关法律法规

为了保护和改善生态环境，防治土壤污染，保障公众健康，推动土壤资源永续利用，推进生态文明建设，促进经济社会可持续发展，2018 年 8 月 31 日第十三届全国人民代表大会常务委员会第五次会议通过《土壤污染防治法》，2019 年 1 月 1 日起实施。

土壤污染的法规主要有《污染地块土壤环境管理办法（试行）》，2016 年 12 月 27 日由环境保护部部务会议审议通过，2017 年 7 月 1 日起施行，目的是要求污染地块责任人应制定风险管控方案，移除或者清理污染源，防止污染扩散；对需要开发利用的地块应开展治理与修复，防止对地块及周边环境造成二次污染。《工矿用地土壤环境管理办法（试行）》，2018 年 8 月 1 日起施行，主要是为了加强工矿用地土壤和地下水环境保护监督管理，防治工矿用地土壤和地下水污染。《农用地土壤环境管理办法（试行）》，2017 年 11 月 1 日起施行，以加强农用地土壤环境保护监督管理，保护农用地土壤环境，管控农用地土壤环境风险，保障农产品质量安全。为了切实加强土壤污染防治，逐步改善土壤环境质量，2016 年 5 月 28 日国务院印发了《土壤污染防治行动计划》，自 2016 年 5 月 28 日起实施。

5.6.2　土壤污染相关标准

1. 农用地土壤污染环境质量标准

《土壤环境质量 农用地土壤污染风险管控标准（试行）》（GB 15618—2018）是针对农用地，以保护食用农产品质量安全为主要目标的标准，其采用的土地分类标准是《土地利用现状分类》（GB/T 21010—2017）。

2. 建设用地土壤污染环境质量标准

《土壤环境质量 建设用地土壤污染风险管控标准（试行）》（GB 36600—2018）是针对建设用地，以人体健康为保护目标的标准，因此采用的是《城市用地分类与规划建设用地标准》（GB 50137—2011）。建设用地中其他建设用地可参照城市建设用地分类划分，分类依据为，第一类用地主要为儿童和成人均存在长期暴露风险，第二类用地主要是成人存在长期暴露风险。

思 考 与 练 习

1. 什么是土壤污染？土壤污染的基本特点有哪些？

2. 何为土壤环境背景值？

3. 土壤污染物有哪些？如何减少土壤中的污染物？

4. 土壤中的重金属主要有哪些？影响土壤中重金属迁移转化的因素有哪些？

5. 污染土壤的修复技术有哪些？

6. 农田污染土壤主要修复技术有哪些？

第6章
固体废物的处理处置与综合利用

本章导读

　　本章主要内容为固体废物的定义、分类、污染特点及其环境影响，固体废物的管理原则，固体废物的分选，固体废物处理处置技术，固体废物资源化利用及相关案例，固体废物相关法律法规及标准规范。学习重点是生活垃圾和危险废物的处理、固体废物资源化。

　　我们在日常生活和学习、工作中应当树立环境忧患意识，从我做起，做好环境保护。

固体废物的定义和分类

6.1.1　固体废物的定义

2020 年 4 月 29 日修订、2020 年 9 月 1 日起施行的《中华人民共和国固体废物污染环境防治法》第九章附则的第一百二十四条第（一）款对固体废物的定义为："固体废物是指在生产、生活和其他活动中产生的丧失原有利用价值或者虽未丧失利用价值但被抛弃或者放弃的固态、半固态和置于容器中的气态的物品、物质以及法律、行政法规规定纳入固体废物管理的物品、物质。经无害化加工处理，并且符合强制性国家产品质量标准，不会危害公众健康和生态安全，或者根据固体废物鉴别标准和鉴别程序认定为不属于固体废物的除外。"固体废物的来源主要是生产、生活以及其他活动，它们具有一些比较明显的性质与特征，例如丧失原有利用价值，被抛弃或放弃，固态、半固态、置于容器中的气态物品、物质，法律、行政法规规定纳入固体废物管理的物品、物质等。

6.1.2　固体废物的分类

固体废物按不同的分类方法可有不同的分类，目前主要的分类方法有：

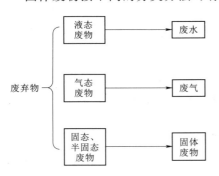

图 6.1　生活中的主要废弃物

（1）按组成分类，可分为有机废物和无机废物。

（2）按形态分类，可分为固态废物、半固态废物和液态（气态）废物。

（3）按来源分类，可分为工业固废、城市垃圾、农业固废、危险废物。

（4）按其污染特性分类，可分为危险废物和一般废物。

（5）按其燃烧特性分类，可分为可燃废物（1000℃以下可燃烧者）、不可燃废物（在 1000℃焚烧炉内仍然无法燃烧者）。

生活中的主要废弃物如图 6.1 所示。

　固体废物的污染特点及其环境影响

固体废物对环境潜在污染的特点主要有：产生量大、种类繁多、成分复杂，污染物滞留期长、危害性强，其他处理过程的终态，污染环境的源头。对环境的影响主要是对土地、土壤、水体、大气以及环境卫生的影响，最主要的还是对人体健康的影响。

6.2.1 固体废物对土地的影响

固体废物的堆放侵占土地，堆放 1 万 t 垃圾占地约 1 亩。

6.2.2 固体废物对土壤的影响

固体废物会污染土壤，包括废物直接进入土壤造成污染，有害成分经风化雨淋地表径流等进入土壤造成污染。

20 世纪 70 年代，美国密苏里州将混有一种有机有毒化学污泥废渣的沥青用于铺路，造成土壤中深达 60cm 的污染，致使大批牲畜死亡，居民出现各种怪疾，后美国环保局花费 3300 万美元，买下该城镇的全部地产，居民搬适，并给予赔偿。

6.2.3 固体废物对水体的影响

有害成分随地面径流或随风飘迁落入水体、随渗滤液进入土壤使地下水污染。

国内外因固体废物处理处置不当造成水体污染的事件层出不穷，如美国的罗芙运河（Love Canal）事件。1930—1953 年，美国胡光化学工业公司在纽约州尼亚加拉瀑布附近的罗芙运河废潭谷填埋了 2800 多 t 桶装有害固废，1953 年填平覆土，在上面兴建了学校和住宅。1978 年，大雨和融化的冰雪造成有害废物外溢，以后，陆续发现该地区井水变臭，婴儿畸形，居民身患怪疾。检测结果发现：该地区水体中有害物浓度超标 500 多倍，有毒物质 82 种，致癌物质 11 种。由此，总统颁布紧急法令，封闭住宅，关闭学校，居民全部迁居，拨款 2700 万美元补救治理。

在我国，某铁合金厂的铬渣堆场由于缺乏防渗措施，6 价铬污染了地下水，污染面积达 20km^2，致使 7 个村 1800 多眼井中的井水无法饮用，工厂先后花费 7000 万元用于赔偿和补救。在我国某锡矿由于含砷废渣长期堆放，渗滤污染水井，曾一次造成 308 人中毒、6 人死亡。

6.2.4 固体废物对大气的影响

细小的颗粒垃圾随风飘浮、垃圾分解释放有毒气体、焚烧法处理固体废物也会污染大气。

6.2.5 固体废物对环境卫生的影响

固体废物综合处理率低，环境污染严重，对人体健康构成威胁。

6.2.6 固体废物对人体健康的影响

固体废物中化学物质致人疾病的途径如图 6.2 所示。

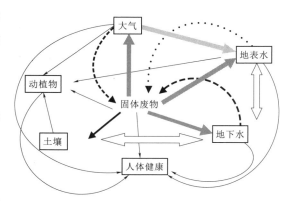

图 6.2 固体废物对人健康的影响

6.3　固体废物的管理原则

依据《固体废物污染环境防治法》规定，我国固体废物的管理遵循以下三原则：①"三化"原则；②全过程管理原则；③分类管理原则。

6.3.1　"三化"原则

"三化"即无害化、减量化、资源化的原则。

1. 无害化

无害化是指对于那些不能被再利用或依靠当前的技术水平无法对其再利用的固体废物进行一定的处理和处置，使其不能对环境、人体和社会发展构成任何危害。

2. 减量化

减量化是指在生产生活过程中最大限度地利用资源和能源，以减少固体废物的产生量，对产生的固体废物进行处理处置，压缩其体积和质量，尽量减少固体废物的排放量。减量化主要体现在两方面：首先从源头上"源削减"，其次对产生的废物进行有效处理和最大限度的回收利用，以减少固体废物的最终处置量。

要求：减少数量、体积、种类，降低危险废物中有害成分的浓度，减轻或清除其危险特性等——全面管理。

措施：开展清洁生产。

重要性：防止固体废物污染环境的优先措施。

3. 资源化

资源化是指对已产生的固体废物进行回收，并辅以相应的技术进行处理处置，将其生产成二次原料或能源再利用。

（1）物质回收，即处理废弃物并从中回收指定的二次物质，如纸张、玻璃、金属等物质。

（2）物质转换，即利用废弃物制取新形态的物质，如废玻璃和废橡胶作为铺路材料，炉渣制作成水泥和其他建筑材料，利用有机垃圾进行堆肥等。

（3）能量转换，即从废物处理过程中回收能量，作为热能或电能，例如通过有机废物的焚烧处理回收热量，进一步发电；利用垃圾厌氧消化产生沼气，作为能源向居民和企业供热或发电。

6.3.2　全过程管理原则

全过程管理是指对固体废物从产生、收集、储存、运输、利用到最终处置的全过程实行一体化的管理。《固体废物污染环境防治法》中规定：产生固体废物的单位和个人，应当采取措施，防止或者减少固体废物对环境的污染。收集、储存、运输、利用、处置固体废物的单位和个人，必须采取防扬散、防流失、防渗漏或者其他防止污染环境的措施；不得擅自倾倒、堆放、丢弃、遗撒固体废物。产品和包装物的设计、制造，应当遵守国家有关清洁生产的规定。生产、销售、进口依法被列入强制回收目录的产品和包装物的企业，必须按照国家有关规定对该产品和包装物进行回收。以上规定正是体现了全过程管理这一原则。

6.3.3　分类管理原则

分类管理原则即根据固体废物的不同来源和性质对其进行分类管理的原则。如国家对工业固体废物、生活垃圾、危险废物、医疗废物的管理都分别做了规定。

6.4　固体废物分选

固体废物分选是将混合固体废物中的可回收资源分选出来，方便回收。它是固体废物资源化、减量化的一种重要手段。

6.4.1　分选的方式

固体废物分选大体上有两种方式：人工分选和机器分选。人工分选有直接挑拣或者使用简单工具。机器分选在效率和成本等方面都要比人工分选好很多，是目前应用比较多的分选方式。但是一些特定的物料，比如少量的大块物料用人工分选即可，所以人工分选也可以作为机器分选的辅助。

6.4.2　分选的机器设备及作用

（1）涡电流分选机：用来分选固废中铜铝锌等有色金属的设备。

（2）金属分选机：被用来分选不锈钢金属，有时会和涡电流分选机一起使用。

（3）硅胶机：去除塑料中的硅胶、橡胶和木屑等杂物的设备。

（4）静电分选机：将塑料按材质进行区分的机器设备。

（5）色选机：通过颜色进行区分的设备，分选的领域比较广，比如再生资源、食品类等。

（6）铝塑静电分选机：将金属与非金属、导体与非导体分开的设备。

（7）空分机：将固废中的轻飘物剔除，方便接下来进行分选的设备。

（8）链板式给料机：匀速均匀给料的设备，利于接下来分选的设备。

（9）滚筒筛：对固废物料进行分级处理的设备，利用筛网的大小将物料按颗粒大小分开，方便接下来的分选。

（10）自卸式除铁器：将物料中的铁金属分选出来。

6.4.3　固体废物分选案例

通常根据不同的物料和地形设计不同的固废分选流水线，如汽车破碎料的分选流程为：汽车破碎料→链板式给料机→滚筒筛→空分机→滚筒筛→自卸式除铁器→三台涡电流分选机→三台不锈钢分选机→尾料。

　　这个汽车破碎料的分选流程，可以将汽车破碎料分选成铁、有色金属、不锈钢和其他尾料。

　　链板式给料机是为了快速均匀地给流水线送料；前滚筒筛是为了去除不适合分选的物料，比如较大的物料以及尘土；然后是去除物料中毛絮等轻飘料的空分机；后滚筒筛是为了将大小不同的物料分开，通过增加分选机器来获得更高的分选效率和速度；自卸式除铁器是用来分选铁金属的；涡电流分选机用来分选有色金属；不锈钢分选机可以用来分选不锈钢。

6.5　固体废物的处理处置

6.5.1　固体废物主要处理技术

　　固体废物的处理技术主要包括物理处理、化学处理、生物处理、热处理。

6.5.1.1　物理处理

　　物理处理是通过浓缩或相变化改变固体废物的结构，使之成为便于运输、储存、利用或处置的形态。

　　物理处理方法包括压实、破碎、分选等。

6.5.1.2　化学处理

　　化学处理是采用化学方法破坏固体废物中的有害成分从而达到无害化，或将其转变成为适于进一步处理、处置的形态。化学处理方法通常只用在所含成分单一或所含几种化学成分特性相似的废物处理方面。化学处理方法包括氧化、还原、中和、化学沉淀和化学溶出等。有些有害固体废物，经过化学处理还可能产生含毒性成分的残渣，须对残渣进行解毒处理或安全处置。

6.5.1.3　生物处理

　　生物处理是利用微生物分解固体废物中可降解的有机物，从而达到无害化和综合利用。固体废物经过生物处理，在容积、形态、组成等方面均发生重大变化，因而便于运输、储存、利用和处置。生物处理方法包括好氧处理、厌氧处理、兼性厌氧处理。与化学处理方法相比，生物处理在经济性上更具优势，应用也相当普遍，但处理过程所需时间较长，处理效率有时不够稳定。通常用堆肥化、沼气化和废纤维素糖化技术来处理。

　　1. 堆肥化

　　依靠自然界的细菌、放线菌、真菌等微生物，人为地促进可生物降解的有机物向稳定的腐殖质的生物转化过程。堆肥化的产物称为堆肥，是一种具有改良土壤结构，增大土壤容水性、减少无机氮流失、促进难溶磷转化为易溶磷、增加土壤缓冲能力，提高化学肥料的肥效等多种功效的廉价、优质土壤改良肥料。可分为厌氧堆肥与好氧堆肥，好氧堆肥又分为露天堆肥和快速堆肥两种方式。现代化堆肥生产通常由前处理、主发酵（一次发酵）、后发酵（二次发酵）、后处理、储藏五个工序组成。其中主发酵是整个生产过程的关键，应控制好通风、温度、水分、C/N 比、C/P 比及 pH 值等发酵条件。

2. 沼气化

沼气化也称厌氧发酵，是固体废物中的碳水化合物、蛋白质、脂肪等有机物在人为控制的温度、湿度、酸碱度的厌氧环境中经多种微生物的作用生成可燃气体的过程。适用于城市污泥、农业固体废物、粪便处理，对固体废物起到稳定无害的作用，且可以生产一种便于储存和有效利用的能源——沼气。

3. 废纤维素糖化技术

废纤维素糖化是利用酶水解技术使之转化成单体葡萄糖，然后可通过化学反应转化为化工原料或生化反应转化为单细胞蛋白或微生物蛋白。

6.5.1.4　热处理

热处理是通过高温破坏和改变固体废物组成和结构，同时达到减容、利用的目的。

热处理方法包括焚烧、热解、湿式氧化以及焙烧、烧结等。

1. 焚烧处理

在高温（800～1000℃）下，通过燃烧，使固体废物中的可燃成分转化成惰性残渣，同时回收热能；通过燃烧，可使固体废物进一步减容，城市垃圾经燃烧后可减小体积80%～90%，重量将降低75%～80%，同时可以较彻底地消灭各种病原体，消除腐化源。优点：①焚烧占地小；②焚烧对垃圾处理彻底，残渣二次污染危险较小；③焚烧操作是全天候的不受天气影响；④焚烧设备可安装在接近垃圾源的地方，节约运输费用；⑤焚烧的适用面广，除城市垃圾以外的许多城市废物也可以采用焚烧方法进行净化。但燃烧处理也有明显缺陷：首先，仍然存在二次污染，燃烧仍然要排出灰渣、废气，特别是近年来出现的二噁英，其毒性比氰化物大1000倍；其次，单位投资和处理运转成本较高；最后，对废物有一定要求，即要求其热值至少大于4000kJ/kg。对经济不发达国家来说，城市垃圾热值几乎都达不到要求，且经济上很难承受，故燃烧处理很难普遍推广使用。

2. 热解

热解是将有机物在厌氧或缺氧条件下高温（500～1000℃）加热，使之分解为气、液、固三类产物，气态的有氢、甲烷、碳氢化合物、一氧化碳等可燃气体；液态的有含甲醇、丙酮、醋酸、乙醛等成分的燃料油；固态的主要为固体碳。该法的主要优点是能够将废物中的有机物转化为便于储存和运输的有用燃料，而且尾气排放量和残渣量较少，是一种低污染的处理与资源化技术。

6.5.2　固体废物的处置方式

固体废物的最终处置方式包括海洋处置和陆地处置两大类。

6.5.2.1　海洋处置

海洋处置主要分为海洋倾倒与远洋焚烧两种方法。近年来，随着人们对保护环境生态重要性认识的加深和总体环境意识的提高，海洋处置已受到越来越多的限制。

6.5.2.2　陆地处置

陆地处置包括土地耕作、工程库或储留池储存、土地填埋以及深井灌注等。土地填埋法是一种最常用的方法。填埋处置就是在陆地上选择合适的天然场所或人工改造出合适的场所，把固体废物用土层覆盖起来的技术。它是从传统的堆放和填地处置发展起来的一项

最终处置技术。其工艺简单、投资较低，适于处置多种类型的废物。城市垃圾处理处置方法比较见表6.1。

表6.1　　　　　　　　　　　　城市垃圾处理处置方法比较

技　术	土地填埋	焚　烧	堆　肥
技术特点	设备简单、操作简便、工艺可行	设备复杂、工艺要求高、操作要求严格	机械设备复杂，维修费用高
价格/(元/t)	6～20	20～35	30～50

1．分类

按填埋地形特征可分为山间填埋、平地填埋、废矿坑填埋；按填埋场的状态可分为厌氧填埋、好氧填埋、准好氧填埋；按法律可分为卫生填埋和安全填埋等。

2．填埋场

填埋场主要包括废弃物坝、雨水集排水系统（含浸出液体集排水系统、浸出液处理系统）、释放气处理系统、入场管理设施、入场道路、环境监测系统、飞散防止设施、防灾设施、管理办公设施、隔离设施等。

优点：操作简便，施工方便，费用低廉，还可同时回收甲烷气体。

缺点：浸出液的渗漏容易污染地下水，而降解气体的释出易引起爆炸和火灾。另外，填埋场占地面积大，填埋场产生的臭味和病原菌需要消除。

3．卫生土地填埋

用于一般城市垃圾与无害化的工业废渣，是基于环境卫生角度而填埋，其操作与结构形式称为卫生填埋。卫生填埋是将被处置的固体废物如城市垃圾、炉渣、建筑垃圾等进行土地填埋，以减少对公众健康及环境卫生的影响。

（1）卫生土地填埋基本操作。

1）填筑单元：40～75cm的废物薄层经压实，与15～30cm的土壤层共同构筑成一个单元。

2）升层：具有同样高度的一系列相互衔接的填筑单元构成。

3）卫生土地填埋场：由一个或多个升层组成，当土地填埋达到最终的设计高度之后，再在该填埋层之上覆盖一层90～120cm的土壤，压实后就得到一个完整的卫生土地填埋场。

（2）卫生土地填埋分类。

1）厌氧填埋：国内采用最多的形式，结构简单、操作方便、施工费用低、还可回收甲烷气体等。

2）好氧填埋：类似高温堆肥，能够减少渗出液及地下水污染；分解速度快，能有效地实现无害化。但是，处置工程结构复杂，施工难度大，成本很高，较难推广使用。

3）准好氧填埋：介于厌氧和好氧之间，更类似于好氧，也不宜推广应用。

（3）卫生土地填埋必须考虑的问题。

卫生土地填埋需考虑以下问题：防止浸出液的渗漏、降解气体的释出控制、臭味和病原菌的消除、场地的开发和利用。

6.5.3　生活垃圾的分类及处理

生活垃圾指的是单位和个人在日常生活中或为日常生活提供服务活动中产生的固体废弃物，以及法律、法规规定为生活垃圾的固体废弃物。

6.5.3.1　生活垃圾分类

生活垃圾分类是指按生活垃圾的不同成分、属性、利用价值、对环境的影响以及不同处理方式的要求，分成属性不同的若干种类，从而有利于生活垃圾的回收利用与分类处理。具体而言，即在源头将生活垃圾进行分类投放，并通过分类收集、分类运输和分类处理，实现生活垃圾减量化、资源化和无害化。

生活垃圾分类种类见表 6.2，不同类别垃圾的分类收集容器对应不同的颜色。

表 6.2　　　　　　　　　　　　生 活 垃 圾 分 类 种 类

序号	分类类别	定　义	内　　容
1	厨余垃圾	日常生活中产生的易腐烂垃圾	主要包括：废弃的剩菜、剩饭、蛋壳、瓜果皮核、茶渣、鱼刺、骨头、内脏等
2	可回收物	可资源化利用的物质	主要包括：纸类（报纸、传单、杂志、旧书籍、纸板箱及其他未受污染的纸制品等）、金属（钢、铁、铜、铝、易拉罐等金属制品）、玻璃（玻璃瓶罐、平板玻璃、啤酒瓶及其他玻璃制品）、除塑料袋外的塑料制品（泡沫塑料、塑料瓶、硬塑料制品等）、未污染的纺织品、电器、电子产品、纸塑铝复合包装（牛奶盒）等
3	有害垃圾	对人体健康或自然环境有直接或潜在危害的物质	主要包括：废弃的充电电池、扣式电池、荧光灯管（日光灯管、节能灯等）、温度计、血压计、过期药品、杀虫剂、胶片及相纸、废油漆、溶剂及包装物等
4	其他垃圾	除可回收物、厨余垃圾和有害垃圾之外的生活垃圾	主要包括：受污染与无法再生的纸张（纸杯、照片、复写纸、压敏纸、收据用纸、明信片、相册、卫生纸、纸尿片等）、塑料袋与其他受污染的塑料制品、破旧陶瓷品、妇女卫生用品、一次性餐具、烟头、灰尘等

生活垃圾分类有利于降低环境污染，提升生活垃圾资源回收利用率。以上海为例，垃圾分类后，上海居住区垃圾分类达标率从 2018 年的 15% 增长到 2020 年的 90%，生活垃圾分类成效显著。2020 年 6 月，上海全市三类生活垃圾的回收量或分出量明显增加，可回收物回收量同比增长 71.09%，有害垃圾分出量同比增长 11.2 倍，湿垃圾分出量同比增长 38.52%。上海干垃圾处置量为 15518.24t/d，同比下降 19.75%。2020 年上半年，上海市生活垃圾资源回收利用率达 35%。

对垃圾焚烧处理厂而言，生活垃圾分类有利有弊，利大于弊。

（1）垃圾分类后，焚烧厂污染物排放量显著减少，烟气处理成本降低。垃圾分类后，上海某垃圾焚烧厂排放的烟气中，二噁英排放达标，同时监测浓度比之前下降了约 90%，二噁英排放显著减少；烟气中的重金属含量及其他气态污染物的排放量均有减少趋势。处理时需要的熟石灰、活性炭、液碱等消耗量也有所降低，节约了生产成本。

垃圾分类后，垃圾焚烧后的固态产物减少，进入垃圾焚烧厂的垃圾中的无机物含量较之前大幅降低，从而使垃圾焚烧后的炉渣、飞灰产生量较之前有所减少。

垃圾分类后，垃圾渗滤液产生量减少 1/3～1/2。垃圾焚烧厂渗滤液的减少，可以降低焚烧厂的渗滤液处置成本，直接表现为水处理药剂和厂用电消耗减少，节能降耗。

（2）垃圾热值、吨垃圾发电量提升。垃圾分类后，干垃圾可燃部分（收到基碳和收到基氢）增加，灰分和水分减少，使垃圾焚烧时更容易着火、燃烧更充分。进入上海市多个垃圾焚烧厂的生活垃圾热值较之前提高 400～500kJ/kg，吨垃圾发电量提升 24～30kW·h。

（3）焚烧厂锅炉机组运行稳定性提高，锅炉机组使用寿命延长。通过垃圾分类，生活垃圾中的塑料、橡胶、金属包装、电池等得以分类回收利用，焚烧垃圾成分变得简单，燃烧变得更稳定，焚烧炉锅炉机组故障、停炉次数减少。

（4）垃圾分类给垃圾焚烧厂带来很多有利的影响，同时也有一些不利影响。首先，垃圾分类后，入厂生活垃圾总量较之前有所降低，目前进入垃圾焚烧厂的垃圾量较分类前减少约 5%～10%；其次，由于进入垃圾焚烧厂的垃圾的热值较之前有所提高，使得垃圾焚烧炉运行过程中的炉膛温度升高，生成的氮氧化物的浓度有所增加；最后，由于炉排炉运行温度较高，炉墙会出现超温现象，有可能影响垃圾焚烧炉的安全运行。

6.5.3.2　生活垃圾卫生填埋

1. 填埋作业工艺

垃圾填埋可采用单元填埋法，将填埋场划分为小单元，分别进行填埋，填埋顺序为垃圾卸料—垃圾铺平—垃圾压实—表面覆盖（图 6.3），日覆盖选择 HDPE 膜进行覆盖，每日填埋作业结束后进行覆膜作业。采用 HDPE 膜可有效减少雨水渗入，减少异味的散发，并且后期加强膜厚度和硬度，减少破损的可能性。最终覆盖选择土壤覆盖，后期进行植被修复等工作。

图 6.3　垃圾填埋作业工艺流程

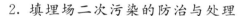

2. 填埋场二次污染的防治与处理

由于垃圾填埋需要占用大量土地资源且容易造成垃圾填埋气、渗滤液等二次污染，因此这种方式目前并不是主流的垃圾处置方式。为解决垃圾填埋产生的二次污染，需从填埋场场底基础、填埋气的回收利用、渗滤液收集处理、封场后填埋场安全再利用等几方面考虑。

（1）填埋场场底基础。进行垃圾卫生填埋首先要处理好场底基础，场底必须能支撑和承受设计容量的全部垃圾的压力，不会因填埋垃圾的沉陷而使场底变形。对于采用人造防渗层的填埋场，场底还应有保护防渗层的作用和有利于防渗层的施工。

（2）填埋气的回收利用。目前国内外填埋气利用的主要途径有：①在蒸汽锅炉中燃烧，用于室内供热和工业供热；②内燃机发电；③作为运输工具的动力燃料；④经脱水净化处理后作为管道燃气。例如，上海老港生活垃圾卫生填埋场四期就将填埋气回收后用于发电。截至 2016 年，场区已安装 11 台 15MW 的发电机组，是目前国内最大的垃圾填埋气发电项目。每年填埋气处理量可达 8000 万 m^3，发电 1 亿 kW·h，可满足近 10 万户居民的用电需求，而且还可以减排二氧化碳 66 万 t，大概相当于 200 个上海植物园的吸碳量。

（3）渗滤液的处理。渗滤液由于成分复杂、污染大，在排放前必须进行处理。例如上海老港的渗滤液处理厂，其渗滤液日处理量为 3200m^3/d。浓缩液的深度处理规模为 100m^3/d。处理工艺为渗滤液采用 MBR+NF/RO 工艺，浓缩液采用臭氧高级氧化组合技术（SHAS）。SHAS 是以臭氧/AOP 处理技术为核心，并结合利用生物膜、活性炭等处理的复合水处理技术。该复合工艺系统对 MBR 出水水质波动的特点应对良好，其运行管理简单稳定，多技术的有机组合在保证出水稳定的同时也极大程度地体现了其经济性，是目前垃圾渗滤液深度处理技术中最经济彻底的分解技术。处理后出水可达 GB 16889—2008《生活垃圾填埋场污染控制标准》中相关标准。

（4）封场后填埋场安全再利用。当填埋场达到使用年限时，完工的高台状的垃圾场带来的景观问题也不容忽视。为此，老港固废基地对已经封闭的一到三期填埋场进行了表面覆盖处理和植被的重建。表面覆盖处理作为垃圾填埋场卫生填埋后期工作中的重要环节，主要是为垃圾场复垦奠定基础，为未来生态修复后植物生长提供基质，同时保护顶部防渗层、减少进入垃圾堆体的下渗雨水量。

6.5.4　危险废物的处理

6.5.4.1　危险废物定义

根据《固体废物污染环境防治法》和《危险废物经营许可证管理办法》，危险废物是指列入《国家危险废物名录》或者根据国家规定的危险废物鉴别标准和鉴别方法认定的具有危险特性的固体废物。《国家危险废物名录（2021 年版）》第二条规定：

具有下列情形之一的固体废物（包括液态废物），列入本名录：

（一）具有毒性、腐蚀性、易燃性、反应性或者感染性一种或者几种危险特性的；

（二）不排除具有危险特性，可能对生态环境或者人体健康造成有害影响，需要按照危险废物进行管理的。

知识拓展：这些常见的固体废物都是危险废物！

◇　**废灯管与废电池**

废灯管与废电池（含汞荧光灯管与镍镉电池、氧化汞电池）属于危险废物，废物类别分别为 HW29 或 HW49。但根据《危险废物豁免管理清单》的规定，这类废物如果从商业或办公环境进入到居民日常生活，废弃后纳入豁免管理范围。

居民生活中常用的干电池，如 1 号、5 号、7 号电池，一般属于锌锰电池，正规厂家生产的干电池基本不含有铅汞类物质，或者重金属含量低于国家标准，在管理上纳入豁免管理范围。

不过，铅酸蓄电池废弃后属于危险废物，废物类别为 HW49，废物代码为 900-044-49。

◇　**混入生活垃圾的含油废织物**

混入生活垃圾的含油废织物属于危险废物，但根据《危险废物豁免管理清单》的规定，这类废物因来源于居民日常生活，纳入豁免管理范围。

但有一种情形需要特别说明，如果机械加工、车辆维修行业的企业，故意将含有废矿物油的织物、手套、棉纱等危险废物丢入生活垃圾中，则属于将危险废物混入到非危险废物储存的情形，依据《固体废物污染环境防治法》第七十五条，可处以限期整改并实施行政处罚的情形。

◇　**生活垃圾焚烧产生的飞灰**

生活垃圾焚烧飞灰如果满足《生活垃圾填埋场污染控制标准》（GB 16889—2008）第 6.3 条的要求，进入生活垃圾填埋场填埋，则不纳入危险废物管理。另一种情形是，如果经过预处理后，满足《水泥窑协同处置固体废物污染控制标准》（GB 30485—2013）有关要求的，协同处置过程也纳入豁免管理范畴。

◇　**医疗污水处理过程中产生的污泥**

《医疗废物管理条例》（国务院令第 380 号）规定："医疗废物，是指医疗卫生机构在医疗、预防、保健以及其他相关活动中产生的具有直接或者间接感染性、毒性以及其他危害性的废物。"

《国家危险废物名录》规定："医疗废物属于危险废物。医疗废物分类按照《医疗废物分类目录》执行。"

《医疗废物分类目录》（卫医发〔2003〕287 号）中的"感染性废物"中列有"其他被病人血液、体液、排泄物污染的物品"，医疗机构污水处理过程中产生的栅渣、沉淀污泥和化粪池污泥等，应列入此类。

◇　**煤制气产生的煤焦油**

根据现行的《国家危险废物名录》（2021 年版）的规定，煤气生产过程中因煤气冷凝产生的煤焦油属于 HW11 类危险废物。

6.5.4.2　危险废物标识标签识别、填写方法

为了向相关人群传递危险废物的有关规定和信息，以防止危险废物危害生态环境和人体健康，危险废物的容器和包装物以及收集、贮存、利用、处置危险废物的设施、场所应使用环境保护识别标志，包括设置危险废物标签，危险废物贮存分区标志，危险废物贮存利用、处置设施标志。这些标志由图形、数字和文字等元素组合而成，应按照《危险废物识别标志设置技术规范》（HJ 1276—2022）的要求进行设置。

1. 危险废物标识标签

（1）危险废物警告标志。适合于室内外悬挂的危险废物暂存间警告标识标志如图 6.4 所示。

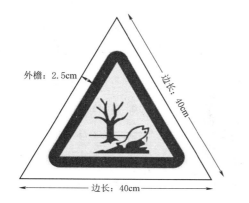

规格：等边三角形，边长为40cm。

颜色：背景为黄色，图形为黑色。

用途：悬挂于危险废物储存设施为

房屋的，建有围墙或防护棚栏，且

高度高于100cm时；部分危险废物

利用、处置场所。

图 6.4　适合于室内外悬挂的危险废物暂存间警告标识标志

注意：

1）危险废物储存设施或暂存间为房屋的，应将危险废物警告标识固定于房屋外面门的一侧，靠近门口适当的高度上。

2）当门的两侧不便于固定时，则固定于门上水平居中、高度适当的位置上。

（2）危险废物标签，如图 6.5 所示。

规格：正方形，边长为40cm。

颜色：背景为橘黄色，黑色黑体字。

类别：按危险废物种类选择。

用途：悬挂于危险废物储存设施为

房屋的，建有围墙或防护栅栏，且

高度高于100cm时。

图 6.5　危险废物标签

注意：

1）当危险废物储存于库房一隅的，要设置明显隔离带，并将危险废物警告标志固定在对应的墙壁上，或设立独立的危险废物警告标识。

2）当所储存的危险废物在两种及两种以上时，危险废物标签的粘贴或系挂应与其分类相对应。

2. 危险废物包装容器标签

（1）粘贴于危险废物储存容器上的危险废物标签如图6.6所示。

规格：边长为20cm。

颜色：背景为橘黄色，黑色黑体字。

类别：按危险废物种类选择。

材料：不干胶印刷品。

用途：当危险废物为容器盛装的，盛装容器上必须粘贴危险废物标签。

图6.6　粘贴于危险废物储存容器上的危险废物标签

（2）系挂于危险废物储存容器上的危险废物标签如图6.7所示。

规格：边长为10cm。

颜色：背景为橘黄色，黑色黑体字。

类别：按危险废物种类选择。

材料：防水塑料袋/塑封的印刷品。

用途：采取袋装危险废物或容器外壁不便于粘贴危险废物标签时，则应在适当的位置系挂危险废物标签牌。

图6.7　系挂于危险废物储存容器上的危险废物标签

注意：

（1）所有包装容器、包装袋必须贴上危险废物标签，危险废物标签填写上文字为黑色黑体字、底色为醒目的橘黄色。

（2）危险废物标签应稳妥地贴附在包装容器或包装袋的适当位置，并不被遮盖或污染使其上的资料清晰易读。

（3）如使用旧的容器或包装袋盛装危险废物，应确保容器或包装袋上的旧标签完全去除或有效遮盖。

3. 危险废物标签填写内容

危险废物标签（图 6.8）填写内容要求如下：

（1）危险废物标签应以醒目的字样标注"危险废物"。

（2）危险废物标签应包含废物名称、废物类别、废物代码、废物形态、危险特性、主要成分、有害成分、注意事项、产生/收集单位名称、联系人和联系方式、产生日期、废物重量、备注等。

（3）危险废物标签宜设置危险废物数字识别码和二维码。

6.5.5 固体废物处理案例——广东佛山南海固废处理环保产业园

图 6.8 危险废物——有机溶剂
废液标签填写样板

在广东工业重镇佛山南海有一座特别的垃圾处理厂，这里尽管每天要处理数千吨的垃圾，却闻不到垃圾腐败的臭味，更看不到废水和黑烟。园区的设计和外观，反而像一个后现代主义的艺术博物馆。这就是由瀚蓝环境打造的南海固废处理环保产业园，占地 460 亩，是一座看不到垃圾的垃圾处理厂。

据了解，南海固废处理环保产业园每天产生的生活垃圾大约有 3800t，其中 3000t 被运到南海固废处理环保产业园进行焚烧处理。通过采用负压系统、生物处理技术，瀚蓝环境不仅保证园区内各项排放达到欧盟 2000 标准，还实现了臭气的零外泄。传统的、单建的污泥干化厂产生的臭气，需要用生物除臭或化学除臭系统进行处理，但形成了产业园模式之后，通过管道把污泥厂的臭气直接输送到焚烧炉中，作为助燃剂充分焚烧，减少臭味。

过去，关于居民反对在家门口建垃圾处理厂的新闻时有发生，然而，在佛山，南海固废处理环保产业园却是当地工业旅游的明星景点。目前，各地到该产业园考察的调研人员以及参观游玩的民众每年多达数万人。社区民众能够对产业园放心，离不开阳光、透明化的运营管理。产业园在门口设立了 LED 实时公告牌，园区设施向公众开放参观；此外，产业园还向当地的企业、居民等发放了"环保监督员证"，持证人可随时进园监督，如果发现问题，企业以最快的速度、最有效的措施进行整改。在这个过程中，居民感受到瀚蓝对待所有的问题采取不回避、公开处理的态度，取得了居民对企业的认可。

6.6 固体废物的资源化利用

6.6.1 固体废物资源化的优势

（1）环境效益高。减少废物堆置场地和废物储放量。

（2）生产成本低。如废铝炼铝比用铝矾土炼铝能减少能源 90％～97％，减少空气污染 95％，减少水质污染 97％。

（3）生产效率高。如用铁矿石炼 1t 钢需 8 个工时，而用废铁只需要 2～3 个工时。

（4）能耗低。如用废钢炼钢比用铁矿石炼钢可节约能耗 74％。

6.6.2 资源化利用案例

6.6.2.1 废纸的资源化利用

1. 废纸再生工序

（1）制浆或解离（纤维分离）。加化学药剂（强碱或表面活性物）并搅拌，使纸片很快破碎成纸浆。设备包括水力碎浆机和蒸馏锅。

（2）筛选。除去杂质，使合格料浆中尽量减少干扰物质的含量，是二次纤维生产过程中的关键步骤。主要设备为压力筛。压力筛由一圆筒形筛鼓和转子构成。粗选常采用圆孔形筛选设备，孔径 1.2～1.6mm，主要筛出扁平状和叶片状颗粒，如塑料。精选主要采用条缝形筛选设备，宽度 0.1～0.25mm，主要筛出三维立体小颗粒。

（3）除渣。去除热熔性杂质、蜡、黏状物、泡沫聚苯乙烯和其他轻杂质。

（4）洗涤和浓缩。洗涤是为了去除灰分、细小纤维以及小的油墨颗粒。通常采用逆流洗涤。

（5）分散与搓揉。在废纸处理过程中用机械方法使油墨和废纸分离后将油墨和其他杂质进一步碎解成肉眼看不见的大小范围，并使其均匀分布于废纸浆中，改善纸成品外观。分散系统有冷分散系统和热分散系统两种。搓揉机有单轴和双轴两种，主要靠高浓度（30％～40％）纤维间产生的高摩擦力和因摩擦而产生的温度（44～47℃）使油墨和污染物从纤维上脱落，从而减少油墨的残留和提高纸浆的白度。

（6）脱墨。

1）机械法或洗涤法：通过机械作用将油墨颗粒分散为力度小于 $15\mu m$ 的微粒，然后通过二段或三段洗涤洗去油墨颗粒。

2）化学法或浮选脱墨法：通过机械碎浆后，加入脱墨剂，使油墨凝聚成大于 $15\mu m$ 的颗粒，然后通过浮选，使油墨颗粒从废纸浆中分离出来。脱墨剂有碱性溶液、洗涤剂、分散剂。

（7）漂白。

1）氧化漂白：主要是氧化降解并脱除浆料中的残留木质素而提高白度，还具有一定的脱色功能。主要试剂是次氯酸盐、二氧化氯、过氧化氢、臭氧等。

2）还原漂白：主要用于脱色，即通过减少纤维本身的发色基团而提高白度，还能有效地脱去颜料的颜色。主要试剂有连二亚硫酸钠、二氧化硫脲（FAS）、亚硫酸钠等。

2. 废纸处理新技术

（1）供料技术向自动化发展。

（2）碎浆技术向高浓连续化发展。碎浆是为了使废纸中杂质（油墨、塑料等）尽可能不被破碎的情况下废纸分散为纸浆，以使大颗粒杂质在碎浆系统得到初步分离除去。

（3）粗选技术可由高浓连续碎浆系统组合完成。

（4）浮选设备向多级整体型浮选装置发展。

（5）脱墨将推广酶处理技术。

（6）脱墨污泥向彻底利用发展。

6.6.2.2　废塑料的资源化利用

日常生活中，废塑料非常常见，因此废塑料的资源化利用极其重要。

1. 塑料的种类

（1）塑料按其受热所呈现的基本性态可分为热塑性塑料和热固性塑料两种。热塑性塑料在特定温度范围内能反复加热软化和冷却硬化，如 PE、PP、PS、PVC、PET 等，是回收的重点。热固性塑料受热后能成为不熔性物质，受热时发生化学变化使线性分子结构的树脂转变为三维网状结构的高分子化合物，再次受热时就不再具有可塑性，不能通过热塑而再生利用，如酚醛树脂、环氧树脂、氨基树脂等。

（2）塑料按其物理力学性能和使用特性可分为通用塑料、工程塑料和功能型塑料三种。通用塑料的产量大、价格低、性能一般，主要有 PE、PP、PS、PVC、PF 和氨基树脂等。工程塑料可以作为结构材料，能在较广的温度范围内承受机械应力和较为苛刻的物理化学环境中使用的材料，如 PA、POM、PC、PSF 等。功能塑料用于特殊环境，具有特种功能，如医用塑料、光敏塑料。

2. 废塑料的主要来源

（1）农业领域的废旧塑料制品。如聚乙烯树脂、聚丙烯树脂、聚氯乙烯树脂等。农用膜占塑料制品的 15%。

（2）商业部门的废弃塑料制品。

（3）家庭日用中的废旧塑料。

3. 废塑料的分选

废塑料的分选指的是，清除废塑料中夹杂的金属、橡胶、玻璃、织物、纸和泥沙，并把混杂在一起不同品种的塑料制品分开、归类。常用方法有手选、磁选、风选、静电分选、浮选、密度分选、低温分选等。

（1）塑料和纸的分离。采用加热法，即利用加热方法减小塑料薄膜的表面积，再利用空气分离器将塑料和纸分离。

（2）混合废塑料的分离。常采用破碎-分选方法进行分离。分选方法主要有以下四种：

1）浮-沉分选。利用不同塑料具有不同的润湿临界表面张力实现对混合废塑料的分离。

2）密度分选。利用不同密度的介质实现密度相近废塑料的分离。

3）低温分选。利用在低温下各种塑料的脆化温度不同的特点，分阶段地改变破碎温度，达到选择性粉碎、分选的目的。

4）静电分选。利用各种塑料摩擦带电能力的差异可分离混合废塑料。

4. 废塑料生产建筑材料

废塑料可以用来生产塑料油膏、板材、塑料砖等建筑材料，变废为宝。

（1）塑料油膏。是一种新型建筑防水嵌缝材料，可利用废 PVC 代替 PVC 树脂生产得到。

（2）板材。

1）软质拼装型地板。废旧聚氯乙烯塑料为主要原料。

2）生产地板块。以废旧聚氯乙烯农膜和碳酸钙为主要原料。

3）木质塑料板材。用木粉和废旧聚氯乙烯塑料热塑成型的复合材料。

4）人造板材。利用麻黄草渣、葵花籽皮和废旧聚氯乙烯塑料为主要原料，经混合热压而成。

（3）塑料砖。将破碎的废塑料餐盒掺入专用的黏土中烧制而成的一种建筑用砖。

6.7　固体废物相关法律法规及标准规范

6.7.1　固体废物管理相关法律法规及标准

1．法律及有关解释

（1）《中华人民共和国环境保护法》。

（2）《中华人民共和国固体废物污染环境防治法》。

（3）《最高人民法院、最高人民检察院关于办理环境污染刑事案件适用法律若干问题的解释》。

2．政策法规

（1）《国家危险废物名录》。

（2）《危险废物转移联单管理办法》。

（3）《危险废物出口核准管理办法》。

（4）《道路危险货物运输管理规定》。

（5）《关于进一步加强危险废物和医疗废物监管工作的意见》。

（6）《危险废物规范化管理指标体系》。

（7）《废弃电器电子产品回收处理管理条例》。

3．标准

（1）环境风险管控标准详见表 6.3。

表 6.3　　　　　　　　固体废物处理处置相关环境风险管控标准

序号	标准名称	标准编号	发布时间	实施时间
1	土壤环境质量　农用地土壤污染风险管控标准（试行）	GB 15618—2018	2018－06－22	2018－08－01
2	土壤环境质量　建设用地土壤污染风险管控标准（试行）	GB 36600—2018	2018－06－22	2018－08－01

（2）污染物排放（控制）标准。目前，部分中国有关环境中固体废物方向的综合类排放标准同表 3.4，固体废物污染物排放（控制）标准见表 6.4。

表 6.4　　　　　　　　　　固体废物污染物排放（控制）标准

序号	标准名称	标准编号	发布时间	实施时间
1	低、中水平放射性固体废物暂时贮存规定	GB 11928—1989	1989 - 12 - 21	1990 - 07 - 01
2	危险废物贮存污染控制标准	GB 18597—2023	2023 - 01 - 20	2023 - 07 - 01
3	放射性废物管理规定	GB 14500—2002	2002 - 08 - 05	2003 - 04 - 01
4	医疗废物转运车技术要求（试行）	GB 19217—2003	2003 - 06 - 30	2003 - 06 - 30
5	医疗废物焚烧炉技术要求（试行）	GB 19218—2003	2003 - 06 - 30	2003 - 06 - 30
6	危险废物鉴别标准　腐蚀性鉴别	GB 5085.1—2007	2007 - 04 - 25	2007 - 10 - 01
7	危险废物鉴别标准　急性毒性初筛	GB 5085.2—2007	2007 - 04 - 25	2007 - 10 - 01
8	危险废物鉴别标准　浸出毒性鉴别	GB 5085.3—2007	2007 - 04 - 25	2007 - 10 - 01
9	危险废物鉴别标准　易燃性鉴别	GB 5085.4—2007	2007 - 04 - 25	2007 - 10 - 01
10	危险废物鉴别标准　反应性鉴别	GB 5085.5—2007	2007 - 04 - 25	2007 - 10 - 01
11	危险废物鉴别标准　毒性物质含量鉴别	GB 5085.6—2007	2007 - 04 - 25	2007 - 10 - 01
12	生活垃圾填埋场污染控制标准	GB 16889—2008	2008 - 04 - 02	2008 - 07 - 01
13	水泥窑协同处置固体废物污染控制标准	GB 30485—2013	2013 - 12 - 27	2014 - 03 - 01
14	生活垃圾焚烧污染控制标准	GB 18485—2014	2014 - 05 - 16	2014 - 07 - 01
15	固体废物鉴别标准　通则	GB 34330—2017	2017 - 08 - 31	2017 - 10 - 01
16	含多氯联苯废物污染控制标准	GB 13015—2017	2017 - 08 - 31	2017 - 10 - 01
17	低、中水平放射性固体废物近地表处置安全规定	GB 9132—2018	2018 - 07 - 10	2019 - 01 - 01
18	危险废物填埋污染控制标准	GB 18598—2019	2019 - 09 - 30	2020 - 06 - 01
19	危险废物鉴别标准　通则	GB 5085.7—2019	2019 - 11 - 07	2020 - 01 - 01
20	一般工业固体废物贮存和填埋污染控制标准	GB 18599—2020	2020 - 11 - 26	2021 - 07 - 01
21	危险废物焚烧污染控制标准	GB 18484—2020	2020 - 11 - 26	2021 - 07 - 01
22	医疗废物处理处置污染控制标准	GB 39707—2020	2020 - 11 - 26	2021 - 07 - 01

6.7.2　《生活垃圾分类标志》标准

2019 年 11 月 15 日，我国住房和城乡建设部召开《生活垃圾分类标志》标准（以下简称"标准"）发布新闻通气会，介绍标准修订情况，并通报全国城市生活垃圾分类工作进展，同时对新研发的"全国垃圾分类"小程序的开发及使用等情况进行了介绍。

《生活垃圾分类标志》标准于 2019 年 12 月 1 日起正式实施。本次修订主要对生活垃圾分类标志的适用范围、类别构成、图形符号进行了调整。相较于 2008 版标准，标准的适用范围进一步扩大，生活垃圾类别调整为可回收物、有害垃圾、厨余垃圾及其他垃圾 4 个大类和纸类、塑料、金属等 11 个小类，标志图形符号共删除 4 个、新增 4 个、沿用 7 个、修改 4 个。

目前，全国 46 个垃圾分类重点城市居民小区垃圾分类覆盖率达到 53.9%，其中上海、厦门、宁波、广州等14个城市生活垃圾分类覆盖率超过70％。30个城市已经出台垃圾分类地方性法规或规章，16个城市将垃圾分类列入立法计划。中央单位、驻京部队和各省直机关全面推行垃圾分类。各省、自治区、直辖市均制定了垃圾分类实施方案，浙江、福建、广东3省已出台地方法规，河北等13省地方法规进入立法程序。237个地级及以上城市已启动垃圾分类。

由住房和城乡建设部联合中国政府网共同推出的"全国垃圾分类"小程序，依托"国务院客户端"小程序平台正式发布并上线运行。该小程序覆盖全国46个垃圾分类重点城市，市民可通过小程序查询生活垃圾分类，并直观看到各城市当前分类标志情况和新标准标志调整情况，对生活垃圾分类标志调整期间的衔接和新标准的宣传贯彻将起到积极作用。

6.7.3　相关违法案例：非法转移倾倒固体废物及危险废物

非法转移倾倒固体废物及危险废物案件通常是固体废物相关主要违法案件类型之一。非法转移倾倒固体废物及危险废物会严重污染环境。发现非法倾倒或转移固体废物及危险废物的主要途径有媒体曝光、群众反映、管理部门现场调查和开展专项督察。2018年，生态环境部启动实施"清废行动2018"。相关地方党委、政府高度重视，即时组织调查，迅速推进整改，严惩犯罪行为，并严肃追责问责，调查发现并通报了6起非法转移倾倒固体废物及危险废物案件问责进展情况。

1. 山西临汾市三维集团违规倾倒工业废渣案

调查发现，三维集团在未经审批和采取防渗措施的情况下，于2017年8月至2018年4月擅自将16.8万 m³ 电石渣和粉煤灰交由村民运至洪洞县赵城镇新庄村非法倾倒，产生的废水直排汾河。调查认为，赵城镇为三维集团非法转移倾倒工业废渣创造条件、提供便利，违法问题严重；洪洞县及其有关部门日常监管不力，严重失职渎职；临汾市环保、水利、国土等部门履职不力，不作为问题突出。为严肃法纪，临汾市对50名责任人实施问责或采取留置措施。

（1）对洪洞县县长解某等7名责任人予以免职处理，对洪洞县副县长徐某等8名责任人予以停职检查。

（2）对洪洞县及赵城镇政府，临汾市及洪洞县两级环保、水利、国土等部门32名责任人立案审查并实施问责。

（3）对洪洞县环保局副局长王某，党组成员、机关党委副书记刘某，赵城镇环境监察中队队长范某以涉嫌玩忽职守罪采取留置措施。

另外，山西路桥集团对三维华邦副董事长（主持全面工作）李某，总经理祁某，党委副书记田某，副总经理牛某，以及三维股份安环部副部长杨某等5人予以免职处理。

2. 池州市前江工业园违规堆放固体废物案件

调查发现，池州市前江工业园鑫茂精细矿业、恒鑫材料、优源矿产品贸易中心、铜陵金飞达贸易、瑞邦再生纸业等5家企业大量尾矿、废渣、工业污泥等固体废物长期非法堆放长江沿岸，未采取防扬散、防流失、防渗漏措施。池州市贵池区政府、前江工业园区管委会及区环保局日常监管流于形式，履职不力，执法不严。

为严肃法纪，池州市已对前江工业园区党工委书记、管委会主任郭某，贵池区环保局前江分局局长董某实施免职处理。安徽省就此问题成立追责问责调查组，当地公安机关针对涉嫌污染环境犯罪问题实施立案，已刑事拘留相关企业负责人6人，取保候审8人。

3. 成都市双流区金桥镇舟渡村违规堆放垃圾案件

调查发现，2017年9月以来，双流区金桥镇舟渡村周边村民在收取费用后，非法接收大量外来建筑垃圾、工业废物和生活垃圾，并倾倒于舟渡村一处百亩大的区域，累计堆放量7300余t，周边环境恶劣，群众反映强烈。调查认为，舟渡村对违规倾倒垃圾问题隐瞒不报、制止不力，致使问题长期存在；金桥镇对属地长期违规倾倒垃圾问题失察，对群众反映问题重视不够、处置不力；双流区城管局、水务局、环保局履职不力，巡查监管不到位。为严肃法纪，成都市及双流区决定对23名责任人实施问责。

（1）对双流区金桥镇党委书记唐某、镇长陈某等13名责任人分别给予免职、撤职或党纪政务处分。

（2）对双流区水务局党组成员李某，环保局机关党委书记刘某等2人实施诫勉。

（3）对双流区政法委书记李某、宣传部部长李某、组织部部长王某、副区长兼公安分局局长肖某、副区长刘某等8人进行批评教育并责令做出书面检查。

4. 温岭市城东街道非法掩埋垃圾案件

调查发现，中央环保督察进驻期间，督察组两次交办温岭市城东街道鸡鸣寺廊沿河大量堆放垃圾且臭气扰民问题，但整改过程偷工减料，约5000m³生活垃圾被就地掩埋，进一步造成环境污染。调查认为，温岭市城市新区管委会，城东街道党工委、办事处，综合行政执法局，环保局等单位对督察组交办问题整改情况把关不严，对企业垃圾清运过程协调监管不力。经温岭市委常委会研究决定：

（1）给予城市新区管委会党工委书记、主任林某党内警告处分，给予管委会党工委委员、副主任陆某撤销党内职务、政务撤职处分。

（2）给予城东街道党工委书记邵某党内警告处分，党工委副书记、办事处主任夏某政务记过处分，党工委委员、办事处常务副主任梁某政务记大过处分，党工委委员、武装部长林某政务记过处分。

（3）对城市新区管委会城市管理科科长童某等4人分别给予撤职处分、辞退处理或诫勉。

另外，对涉嫌犯罪的宏顺运输有限公司法人代表张某和主要责任人依法实施刑事拘留。

5. 盐城辉丰公司违法填埋危险废物案件

针对辉丰公司违法填埋危险废物问题，生态环境部于2018年3月组织专项督察，发现该公司非法转移填埋危险废物等问题十分突出，当地党委、政府及有关部门监管流于形式。生态环境部4月20日对外公开督察情况，4月23日将问题案卷移交江苏省委、省政府。江苏省委、省政府高度重视，明确要求依法查处，严肃问责。省纪委、监察委迅速组成调查组，深入现场调查核实。

6. 广州、东莞两市非法转移倾倒固体废物案件

根据群众举报，生态环境部在先期蹲守暗查基础上，于2018年4月组织专项督察，

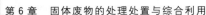

发现广州、东莞两市非法转移倾倒污泥等固体废物问题突出，相关企业环境违法问题普遍，并于 5 月 11 日对广州、东莞两市政府进行约谈，移交问题案卷。广东省及两市党委、政府高度重视，立即组织排查整改，严厉打击环境犯罪，全面启动问责调查工作，并对责任人实施问责。

思 考 与 练 习

1. 固体废物综合管理的主要目标是什么？

2. 何谓资源化？

3. 何谓堆肥化？堆肥化有哪几种方式？

4. 何谓沼气化？说明其适用范围。

5. 新冠肺炎疫情进一步推进了人们对医疗废物的关注，请你登录中华人民共和国生态环境部官网（http：//www.mee.gov.cn），查找并阅读近年来《全国大、中城市固体废物污染环境防治年报》，并完成以下任务：

（1）根据发布的全国大中城市医疗废物信息，分析各省（自治区、直辖市）大中城市医疗废物相关情况，并列出医疗废物产生量排名前 3 的城市。

（2）列出 200 个大中城市医疗废物产生量居前 10 位的城市及其医疗废物产生量。

（3）图示各省（自治区、直辖市）医疗废物持证单位实际处置量，并列出处置量排名前五的省（自治区、直辖市）。

第7章
噪声污染与控制

本章导读

    本章主要内容包括噪声的定义、分类，噪声污染特点，噪声危害，噪声声学特性，我国噪声分布地图，噪声防治及噪声的相关法律法规。学习重点是噪声的声学特性及噪声污染的防治。

"朝来山鸟闹，惊破睡中天""长日苦遭蝉噪聒，杖藜拟访涧泉秋"，看来自古人们就饱受噪声的干扰。而在现代，你是否有过在睡梦中被汽车鸣笛惊醒、学习时被建筑施工吵得心烦意乱等经历呢？噪声正于无形中影响着人们生活的方方面面。德国著名细菌学家、医生罗伯特·科赫（Robert Koch）曾预言：早晚有一天，人类为了生存将要与噪声奋斗，如同对付霍乱和瘟疫那样。

《2021年运动与睡眠白皮书》显示，我国超过3亿人存在睡眠障碍，其中被动熬夜群体里的一大部分人，都与城市噪声有关。

所谓噪声，就是人们所不需要或讨厌的声音，属于感觉污染。比如音乐声，对于正在学习或睡觉的人来说可能就是扰人的噪声。本章主要明确噪声的概念、分类，讨论噪声的特点与危害，学会运用自己熟知的专业知识进行噪声污染的防治。

7.1　噪声的定义与分类

7.1.1　噪声的定义

我国最早的有关噪声的定义可追溯到《说文》和《玉篇》，《说文》中把"噪声"的含义解释为"扰也"，《玉篇》中解释为"群呼烦扰也"。

如今，学界对噪声有两种定义：其一，从物理学的角度，噪声指不规则的、间歇的或随机的声振动；其二，噪声指任何难听的、不和谐的声或干扰。医学上认为超过60dB的声音是噪声。而从保护环境角度看，噪声就是人们不需要的声音。《环境噪声污染防治法》第二条规定：环境噪声指在工业生产、建筑施工、交通运输和社会生活中所产生的、干扰周围生活环境的声音。环境噪声污染指所产生的环境噪声超过国家规定的环境噪声排放标准，并干扰他人正常生活、工作和学习的现象。由此可见，噪声与人的生产生活是分不开的。

7.1.2　噪声的分类

从环境保护的角度，对噪声追根溯源，可将噪声分为以下几类。

1. 工业噪声

工业噪声是指在工业生产活动中使用各种设备时产生的干扰周围生活环境的声音。比如水泵、柴油机、锅炉、中央空调机组等设备在工作时发出的噪声。这也是造成职业性耳聋的主要原因。

职业性噪声聋系指劳动者在工作场所中，由于长期接触噪声而发生的一种渐进性的感音性听觉损伤。这是一种噪声对听觉器官长期影响的结果，属于法定职业病。现行国家标准《职业性噪声聋诊断标准》（GBZ 49—2014）中明确规定了对职业性噪声聋的诊断分级：连续噪声工作工龄3年以上，纯音测听为感音神经性聋，听力损失呈高频下降型，根据较好耳语频（500Hz、1000Hz、2000Hz）和高频4000Hz听阈加权值进行诊断分级，分为轻度噪声聋（26～40dB）、中度噪声聋（41～55dB）和重度噪声聋（≥56dB）。

无论诊断为哪一级噪声聋，患者均应调离噪声作业场所。对话障碍者可配戴助听器。

2．交通运输噪声

交通运输噪声是指机动车辆、铁路机车、机动船舶、航空器等交通运输工具在运行时所产生的干扰周围生活环境的声音。交通运输噪声对公路、铁路、机场周围居民以及交通工具驾驶人员、乘务人员都会带来困扰甚至是危害，道路交通纵横交错，影响范围广。

3．建筑施工噪声

建筑施工噪声是指在建筑施工过程中产生的干扰周围生活环境的声音。该类噪声比较大。

4．社会生活噪声

社会生活噪声是指人为活动所产生的除工业噪声、建筑施工噪声和交通运输噪声之外的干扰周围生活环境的声音。这类噪声多出现在超市、歌舞厅、菜市场等人群较为密集的地方。

7.2 噪声污染的特点

噪声污染具有以下特点：

（1）噪声是感觉公害。不同的人对噪声的感受不同，这取决于人的生理和心理。比如，对同样响度的噪声，青年人与老年人、健康人与病人的反映可能是不一样的。因此，制定噪声标准时要根据不同时间、不同地区、不同要求来确定，如疗养院、医院、学校附近，对噪声的限制应较为严格。

（2）噪声有局限性和分散性。局限性是指噪声传播的范围是有局限的。噪声从声源发出向四周传播，随着距离的增加及周围建筑物的遮挡，噪声的强度很快被衰减。它只能影响声音附近的人，如工厂、交通、施工周围居民及相关从业者。而大气污染和水污染往往是广域的。

（3）噪声是暂时性的。

7.3 噪声的危害

7.3.1 噪声对听力的损伤

长期在强噪声环境下工作，会使内耳听觉组织受到损伤，造成耳聋，也就是慢性的噪声性耳聋。

听力损失用 500Hz、1000Hz、2000Hz 和 4000Hz 四个频率上听力损失的平均值来表示，如听力正常（听力损失小于或等于 25dB）；轻度听力损失（听力损失 26～40dB）；中度听力损失（听力损失 41～60dB）；重度听力损失（听力损失 61～80dB）。噪声级在 80dB 以内，才能保证人们长期工作不发生耳聋。在 90dB 以下，只能保证 80％ 的人工作 40 年后不会耳聋；85dB 仍会有 10％ 的人产生噪声性耳聋。

7.3.2　噪声对睡眠的干扰

40dB 的连续噪声可使 10％的人睡眠受到影响；70dB 的连续噪声可使 50％的人睡眠受到影响。

40dB 的突发性噪声可使 10％的人惊醒；到 60dB 时，可使 70％的人惊醒。

7.3.3　噪声能诱发疾病

长期暴露在强噪声环境下，会引起人体的紧张反应，使肾上腺素分泌增加，引起心率加快，血压升高；噪声会引起消化系统的疾病，引起消化不良，诱发胃肠黏膜溃疡；会引起疲劳、头晕及记忆力衰退，诱发神经衰弱症。

7.3.4　噪声影响语言交谈和通信联络的干扰

当人们交谈距离为 1m 时，平均声级为 65dB；当环境噪声级高于语言声级 10dB 时，谈话声音会被环境噪声完全掩盖；当噪声级超过 90dB 时，即使大喊大叫也难以进行正常交谈。

7.3.5　特强噪声会对仪器设备和建筑结构造成危害

当噪声级超过 135dB 时，电子仪器的连接部位会出现错动，微调元件发生偏移，使仪器发生故障而失效；当超过 150dB 时，仪器的元件可能失效或损坏；当噪声超过 140dB 时，轻型建筑物会遭受损伤。

由此可见，噪声会给人们的生活和身心都带来影响。因此，为了更好地对噪声污染进行质量分析和防治，将噪声标准分为三类，分别是声环境质量标准、环境噪声排放标准和技术方法标准。

不同分贝声音与人的听觉感受见表 7.1。

表 7.1　　　　　　　　　　　　不同分贝声音与人的听觉感受

声音量	对应的场景	人的听觉感受
110dB（A）	电锯工作	头痛，血压升高，敏感者可能引起神经衰弱等症状
100dB（A）	拖拉机开动	
90dB（A）	嘈杂的马路	长时间听会听力受损
80dB（A）	一般车辆行驶	让人心烦意乱
70dB（A）	大声说话	
60dB（A）	正常说话	影响正常睡眠
50dB（A）	办公室	
40dB（A）	图书馆	无不良影响

7.3.6　声环境质量标准

《声环境质量标准》（GB 3096—2008）于 2008 年 10 月 1 日开始实施，适用于声环境质量评价与管理。机场周围区域受飞机通过（起飞、降落、低空飞越）噪声的影响，不适用于该标准。

《声环境质量标准》（GB 3096—2008）规定了以下 5 类声环境功能区的环境噪声限制。

0 类声环境功能区：指康复疗养区等特别需要安静的区域。

1 类声环境功能区：指以居民住宅、医疗卫生、文化教育、科研设计、行政办公为主要功能，需要保持安静的区域。

2 类声环境功能区：指以商业金融、集市贸易为主要功能，或者居住、商业、工业混杂，需要维护住宅安静的区域。

3 类声环境功能区：指以工业生产、仓储物流为主要功能，需要防止工业噪声对周围环境产生严重影响的区域。

4 类声环境功能区：指交通干线两侧一定距离之内，需要防止交通噪声对周围环境产生严重影响的区域，包括 4a 类和 4b 类两种类型。4a 类为高速公路、一级公路、二级公路、城市快速路、城市主干路、城市次干路、城市轨道交通（地面段）、内河航道两侧区域；4b 类为铁路干线两侧区域。

各类声环境功能区的环境噪声等效声级限值见表 7.2，表中 4b 类声环境功能区的环境噪声限值适用于 2011 年 1 月 1 日环境影响评价文件通过审批的新建铁路（含新开廊道的增建铁路）干线建设项目两侧区域。

表 7.2　　　　　　　　　　　　环 境 噪 声 限 值

声环境功能区类别	噪声限值/dB（A）		声环境功能区类别		噪声限值/dB（A）	
	昼间	夜间			昼间	夜间
0 类	50	40	3 类		65	55
1 类	55	45	4 类	4a 类	70	55
2 类	60	50		4b 类	70	60

在下列情况下，铁路干线两侧区域不通过列车时的环境背景噪声限值，按昼间 70dB（A）、夜间 55dB（A）执行：

（1）穿越城区的既有铁路干线；

（2）对穿越城区的既有铁路干线进行改建、扩建的铁路建设项目。

既有铁路是指 2010 年 12 月 31 日前已建成运营的铁路或环境影响评价文件已通过审批的铁路建设项目。

7.4　噪声的声学特性

7.4.1　噪声的来源

噪声是声的一种，它具有声波的一切特性，通常把能够发声的物体称为声源，产生噪

声的物体或机械设备称为噪声源。噪声来自火山爆发、地震、雪崩、潮汐、风雷及动物吼叫等自然现象，也来自交通运输噪声、工业噪声、生活噪声等人为因素。

描述噪声特性的方法，可以从客观评价和主观评价入手。前者把噪声单纯地作为物理扰动，用描述声波的客观特性的物理量来描述，如用声压、声强、声功率等物理量来表示噪声强弱。后者是根据听者感觉到的刺激来描述。

7.4.2　噪声的物理量——声压、声强

1. 声压（P）

在空气中传播的声波可使空气密度时疏时密，密处与大气压相比其压力稍许上升，疏处稍许下降。在声音传播的过程中，空气压力相对于大气压的变化称为声压（Pa）。当声频为 1000Hz 时，人耳可听声压范围为 $2 \times 10^{-5} \sim 20 \mathrm{Pa}$，其中，$2 \times 10^{-5}\mathrm{Pa}$ 称为听阈，20Pa 称为痛阈。

2. 声强（I）

声强即声音的强度，指的是单位时间内声波通过垂直于声波传播方向单位面积的声能量（W/m²），计算公式为

$$I = P^2 / \rho c \tag{7.1}$$

式中　P——有效声压，Pa；

　　　ρ——介质密度，kg/m；

　　　c——声速，m/s。

常温时，$\rho c = 415 \mathrm{N \cdot s/m^2}$。

7.4.3　噪声的物理量——声压级、声强级

1. 声压级

声压级是以声压比或者能量比的对数来表示声音的大小，表述空间固定位置的声能量。声压级的单位是分贝（dB），分贝是一个相对单位，将有效声压（P）与基准声压（P_0）的比，取以 10 为底的对数，再乘以 20，就是声压级的分贝数，即

$$L_{\mathrm{p}} = 20 \lg \frac{P}{P_0} \tag{7.2}$$

式中　L_{p}——声压级，dB；

　　　P——有效声压，Pa；

　　　P_0——基准声压，即听阈，Pa；$P_0 = 2 \times 10^{-5} \mathrm{Pa}$。

声压和声压级可以互相换算，典型环境的声压和声压级见表 7.3。

表 7.3　　　　　　　　　　　　　　典型环境的声压和声压级

典型环境	声压/Pa	声压级/dB	典型环境	声压/Pa	声压级/dB
喷气式飞机的喷气口附近	630	150	大型球磨机旁	20	120
喷气式飞机附近	200	140	8-18 型鼓风机附近	6.3	110
锻锤、铆钉操作位置	63	130	纺织车间	2	100

典型环境	声压/Pa	声压级/dB	典型环境	声压/Pa	声压级/dB
4-72型风机附近	0.63	90	安静房间	0.002	40
公共汽车内	0.2	80	轻声细语	0.00063	30
繁华街道上	0.063	70	树叶落下的沙沙声	0.0002	20
普通说话声	0.02	60	农村静夜	0.000063	10
微电机附近	0.0063	50	人耳刚能听到	0.00002	0

【例7.1】 强度为 80dB 的噪声其相应的声压为多少？

【解】 由公式（7.2）可得

$$\lg \frac{P}{P_0} = \frac{L_p}{20}$$

$$\lg P - \lg P_0 = \frac{L_p}{20}$$

即

$$\lg P = \frac{L_p}{20} + \lg P_0$$

$$= \frac{80}{20} + \lg 2 \times 10^{-5}$$

$$= \lg 2 \times 10^{-1}$$

$$P = 0.2\text{Pa}$$

2. 声强级

声强级表述空间固定位置的声能量及传播方向，以人耳的听阈声强值 10^{-12}W/m^2 为基准，声强级为

$$L_I = 10\lg \frac{I}{I_0} \tag{7.3}$$

式中　L_I——对应声强 I 的声强级，dB；

　　　I——声强，W/m^2；

　　　I_0——基准声强，W/m^2；$I_0 = 10^{-12}\text{W/m}^2$。

声压级和声强级都是描述空间某处声音强弱的物理量。在自由声场中，声压级与声强级的数值近似相等。

7.4.4 噪声的物理量——噪声级

环境噪声的度量与噪声的物理量和人对声音的主观听觉有关。声压级相同的声音，高频的比低频的听起来响，这是人耳听觉特性决定的。噪声级可使用噪声计测量。

为模拟人耳对声音的反应，用仪器直接测量出人的主观响度感觉，研究人员在噪声测

量仪器中安装一个滤波器——计权网络（A、B、C 三种）。当声音进入网络时，中低频的声音按比例衰减通过，1000 Hz 以上的高频声音无衰减地通过。

通过 A 计权网络测得的声压级称为 A 声级，单位为 dB（A）。A 声级越高，人们越觉得吵闹，因此现大都采用 A 声级来衡量噪声的强弱。

7.4.5　噪声级（分贝）的计算

【例 7.2】　　80dB 的噪声和 70dB 的噪声相加是否为 150dB？求合成的声压级 L_{1+2}。

【解】　　因为 $L_1 = 20\lg\dfrac{P_1}{P_0}$，$L_2 = 20\lg\dfrac{P_2}{P_0}$。对数换算得

$$P_1 = P_0 \times 10^{\frac{L_1}{20}},\ P_2 = P_0 \times 10^{\frac{L_2}{20}}$$

合成声压 P_{1+2}，按能量相加原则 $(P_{1+2})^2 = P_1^2 + P_2^2$，即

$$(P_{1+2})^2 = P_0^2 \left(10^{\frac{L_1}{10}} + 10^{\frac{L_2}{10}}\right)$$

则

$$\left(\frac{P_{1+2}}{P_0}\right)^2 = 10^{\frac{L_1}{10}} + 10^{\frac{L_2}{10}}$$

$$
\begin{aligned}
L_{1+2} &= 20\lg\frac{P_{1+2}}{P_0} \\
&= 10\lg\left(\frac{P_{1+2}}{P_0}\right)^2 \\
&= 10\lg\left(10^{\frac{L_1}{10}} + 10^{\frac{L_2}{10}}\right)
\end{aligned}
$$

由此可见，声音是一种能量，声压级相加要按能量（声压平方）相加的原则。

【例 7.3】　　$L_1 = 60dB$，$L_2 = 60dB$，求 L_{1+2}。

【解】

$$
\begin{aligned}
L_{1+2} &= 10\lg\left(10^{\frac{L_1}{10}} + 10^{\frac{L_2}{10}}\right) \\
&= 10\lg\left(10^{\frac{60}{10}} + 10^{\frac{60}{10}}\right) \\
&= 10\lg\left(2 \times 10^{\frac{60}{10}}\right) \\
&= 10\lg2 + 10\lg10^6 \\
&= 3 + 60 = 63(dB)
\end{aligned}
$$

由［例 7.3］可知，如果两声压级相等，即 $L_1 = L_2 = L$，则合成的声压级为

$$L_{1+2} = 3 + L(dB)$$

7.5　噪声监测

通过噪声监测来确定噪声污染的严重程度。噪声的常用监测指标包括：①噪声的强度，即声场中的声压；②噪声的特征，即声压的各种频率组成成分。噪声测量仪器主要有：声级计、频率分析仪、实时分析仪、声强分析仪、噪声级分析仪、噪声剂量计、自动记录仪、磁带记录仪。

7.5.1　目前噪声监测技术中存在的问题

1. 监测环境噪声的仪器选择不恰当

在日常的噪声监测过程中存在很多问题，一方面，部分监测人员不重视监测工作，在监测噪声前没有对监测设备进行校准；另一方面，部分人员在监测时选择的设备和器材不合适，从而导致监测结果本身缺乏精确度，严谨性不强。

2. 监测的地点选择不正确

部分监测人员可能会选取一些和自己距离比较近的或是与监测标准不相符合的地点，或是监测方式存在差异，这样监测出来的结果就不具备一般性特征，与实际情况存在差异，不能真实地反映噪声污染现状。

3. 监测的位置选择不合适

对噪声本身而言，信号是不连续分配的状态，在传输过程中可能会因为各种不同的原因出现不同的状况，如果长时间采用单一化的方式、固定的监测位置来监测，监测结果就没有代表性。所以，需要在不同的地方采取多种方式来反复进行监测，最后再将统计的监测结果加以分析，这样才可以保证最终结果的有效性。

4. 对监测产生的误差

监测人员要通过不断改变监测的地点和方位，把周围有影响监测效果的人和物清除后再进行监测，将误差值尽可能地缩小，以保证监测数据更加科学合理。

7.5.2　环境噪声监测技术的改进策略

1. 及时更新监测仪器

如果不能及时地更新监测设备，不仅会在一定程度上影响监测工作的效率，而且还会影响噪声监测的精确度。就当前实际状况而言，完全可以选择噪声自动监控装置，不仅能全天候地对监测点的噪声来源进行监控和管理，而且能及时地报告并反馈给相关的监测人员，给环境监测工作带来极大的便利。

2. 保证监测地点符合监测标准

保证监测地点以及现场的多方面条件非常重要。如果是在室内对环境噪声进行监测，就要将监测范围之内可能会对监测过程产生干扰的声音来源及时关闭；如果是在室外监测环境噪声，就要尽可能地保证风速处于 5m/s 以内，同时在监测的过程中不能有风雨雷电声。尤其在监测生产施工噪声时，不仅要保证监测现场各种施工设备正常运转，同时要尽可能准确地监测出现场的背景噪声。

3. 保证监测时间和方法达到监测要求

如果能将监测点的测量时间段尽可能地控制和管理，将环境噪声监测技术进行改进和完善，就可以保证环境噪声监测质量达标。因此，在进行监测时，应采取一些科学合理的监测方式，有重点地去监测和控制噪声来源，科学合理分工，真正做到有条不紊，从而保证监测结果的科学性。比如监测铁路周边环境噪声，就可以在白天及夜晚对车流密度以及车辆平均运行密度当中某一段时间的等效声级进行仔细的监测和控制，以保证铁路周边环境噪声监测结果的科学性。

4. 采用先进的环境噪声监测系统

先进的环境噪声监测系统主要包括监测系统户外单元、管理数据中心、管理噪声处理中心等。监测系统户外单元本身就是一种比较先进的智能仪器，其中包含噪声采样数据装备、预处理数据计算机等。通过嵌入式让计算机系统程序不断地控制前端智能仪器设备，可以进一步推动其自主工作。管理数据中心包括通信数据计算机、管理数据计算机以及网络仪器等，主要功能是将前端智能设备与处理数据中心更加主动地联系在一起。管理噪声处理中心包括处理数据计算机、监视器及其相应的打印设备以及数据库、地理信息系统、分析软件等，主要功能是将噪声监测点动态数据图以及统计噪声分布自主地处理、发布出来。采用先进的环境噪声监测系统能保证监测数据的精确性。

5. 强化监测人员专业技能

过硬的专业队伍可保障监测结果的科学性。在当前情况下，专业人员的技能有待提高，人员配备相对欠缺。因此，要加大人才培训力度，积累相关技术人才，以保障监测效果的持续性。

7.6　我国的噪声分布

《中国环境噪声污染防治报告》显示，2020 年度全国城市功能区声环境质量昼间点次达标率高于夜间，虽然城市声环境质量有所改善，但与居民的要求尚有距离。

从城市看，拉萨、海口、厦门、石家庄、太原、呼和浩特白天的达标率都是 100%，其次是南京和深圳（表 7.4）。白天最吵的大城市是大连，其次是西宁。

晚上的噪声污染结果与白天有明显差异，总点次达标率达到 90% 以上的大城市只有南京和厦门。西安、大连达标率很低，郑州和长沙的达标率也不高，而成都、宁波、哈尔滨几个城市达标率低于 60%。

综合来看，南京、厦门、贵阳、太原这四个城市的人们，可以拥有相对安静的日常。

表 7.4　　　2020 年我国直辖市、省会城市和计划单列市功能区总点次达标率

城市名称	监测点次	总点次达标率/%		城市名称	监测点次	总点次达标率/%	
		昼间	夜间			昼间	夜间
北京市	80	91.2	72.5	南京市	96	99.0	92.7
天津市	75	97.3	78.7	杭州市	92	90.2	63.0
石家庄市	48	100	77.1	宁波市	64	93.8	59.4
太原市	36	100	88.9	合肥市	60	80.0	76.7
呼和浩特市	17	100	76.5	福州市	78	91.0	60.3
沈阳市	28	96.4	78.6	厦门市	80	100	90.0
大连市	24	66.7	37.5	南昌市	80	95.0	67.5
长春市	64	95.3	64.1	济南市	57	87.7	82.5
哈尔滨市	68	92.6	54.4	青岛市	100	92.0	79.0
上海市	208	93.8	78.4	郑州市	62	90.3	41.9

城市名称	监测点次	总点次达标率/%		城市名称	监测点次	总点次达标率/%	
		昼间	夜间			昼间	夜间
武汉市	47	91.5	68.1	贵阳市	92	97.8	89.1
长沙市	60	81.7	50.0	昆明市	24	95.8	83.3
广州市	80	95.0	87.5	拉萨市	16	100	62.5
深圳市	84	98.8	84.5	西安市	27	85.2	37.0
南宁市	28	96.4	75.0	兰州市	28	92.9	71.4
海口市	16	100	87.5	西宁市	20	75.0	65.0
重庆市	88	90.9	73.9	银川市	40	97.5	77.5
成都市	76	81.6	52.6	乌鲁木齐市	60	95.0	73.3

7.7 噪声的防治

防治城市噪声污染的主要措施除了制定噪声管理标准外，另一措施就是噪声的控制。

控制噪声必须从三个方面考虑：从声源上降低噪声；在传播途径上控制噪声；在接受点上防护。

7.7.1 从声源上降低噪声

从声源上降低噪声是控制噪声最根本方面，包括研制采用噪声低的设备和改进加工工艺等措施，噪声的起因主要有三种：气流的振动；固体撞击和摩擦；电磁性噪声。

对风机、汽车排气等空气动力性噪声，可通过采用平滑的气流通道和降低气流的速度加以控制。

车床、织布机等机械性噪声可利用润滑或阻尼材料减少摩擦或撞击加以控制。

此外，用无声的液压代替高噪声的锤打，用焊接代替铆接，限制使用高音喇叭等措施可以从声源上大大降低噪声。

而生活噪声则完全可以在讲究社会公德的基础上由人自己加以控制。

7.7.2 在传播途径上控制噪声

由于某些技术和经济上的原因，从声源上控制噪声难以实现时，就要从传播途径上考虑降低噪声措施。即在传播途径上阻断声波的传播，或使声波传播的能量衰减。

声音是通过空气和固体材料等介质进行传播的，可以在传播途径上采用具有吸声性能的材料对噪声进行阻隔、吸收和消声。

一堵砖墙的隔声量是50dB，它能允许十万分之一的声能透过墙去，用它做屏蔽物隔声效果是较好的。

玻璃棉、毛毡、泡沫塑料等材料，可以减少室内噪声的反射，降低噪声10～15dB。

另外，可通过合理布局控制噪声。就一个城市而言，在城市规划上尽量把高噪声工厂

或车间与居民区分开，对工厂而言，应把噪声强的车间和作业场所与精密车间或职工住宅区分开；或是通过绿化防噪等。声波通过密集的植物丛时，即会因植物阻挡产生声衰减，一般松树林带能使频率为 1000Hz 的声音衰减 3dB/10m，杉树林带为 2.8dB/10m，槐树林带为 3.5dB/10m，30cm 的草地为 0.7dB/10m。

绿化林带如一个半透明的屏障，在屏障后面形成"声影区"。3kg 炸药爆炸的声音，在空旷地能传播 4000m 远，而在林中，400m 以外就难以听见了。森林面积越大、林带越宽，消除噪声的功能越强。

7.7.3　在接受点上防护

噪声的受害者主要是人，当上述两种方法失败或达不到预期效果时，就要加强个人防护，如佩戴耳塞、防声棉、耳罩、帽盔等。

7.8　噪声污染防治

7.8.1　噪声污染控制规划的重点

（1）社会生活噪声的控制：应着重建设噪声达标生活小区和控制商贸娱乐场所的噪声。

（2）交通噪声的控制：加强城市道路建设改造，优化行车路线，加强交通管理。

（3）工业噪声的控制：对噪声污染严重的企业进行搬迁，对工业噪声源进行控制。

（4）建筑施工噪声控制：加强对建筑施工的管理，优化施工布局，采用低噪声设备。

7.8.2　噪声污染控制措施

1. 城乡规划布局应合理

城市旧城改造区域和新建区域的规划要充分考虑布局和建设项目对城市区域环境噪声的影响，合理安排城市功能区。合理使用土地和划分区域是减少交通噪声干扰的有效方法。在城乡道路改造建设方案中，充分考虑道路交通噪声对人居环境的影响，建设中要尽可能与居民住宅楼、小区保持合理的距离，临街建筑应主要以商店、餐馆或娱乐场所等非居住性建筑为主，使其成为人居建筑前的防噪屏障，对不得不在道路两侧建造的居民住宅，建筑设计时合理布局，通过设计临街公共走廊、封闭阳台、安装隔声门窗等措施来扩大道路与人居建筑之间缓冲区距离，以最大限度地降低道路交通噪声的影响。

2. 技术防治措施

（1）声源上降低噪声的措施：①改进机械设计，如在设计和制造过程中选用发声小的材料来制造机件，改进设备结构和形状、改进传动装置以及选用已有的低噪声设备等；②采取声学控制措施，如对声源采用消声、隔声、隔振和减振等措施；③维持设备处于良好的运转状态；④改革工艺、设施结构和操作方法等。

（2）噪声传播途径上降低噪声措施：①在噪声传播途径上增设吸声、声屏障等措施；②利用自然地形物（如利用位于声源和噪声敏感区之间的山丘、土坡、地堑、围墙等）降低噪声；③将声源设置于地下或半地下的室内等；④合理布局声源，使声源远离敏感目标等。

（3）噪声敏感目标自身防护措施：①受声者自身增设吸声、隔声等措施；②合理布局噪声敏感区中的建筑物功能和合理调整建筑物平面布局。

（4）管理措施：主要包括提出环境噪声管理方案（如制定合理的施工方案、优化飞行程序等制定噪声监测方案），提出降噪减噪设施的使用运行、维护保养等方面的管理要求等。

7.9　噪声污染相关法律及标准规范

7.9.1　《中华人民共和国噪声污染防治法》简介

2021年12月24日，十三届全国人大常委会第三十二次会议通过了《中华人民共和国噪声污染防治法》（以下简称《噪声污染防治法》），自2022年6月5日起施行，《中华人民共和国环境噪声污染防治法》（以下简称《环境噪声污染防治法》）同时废止。

与《环境噪声污染防治法》相比，《噪声污染防治法》确立新时期噪声污染防治工作的总要求。在立法目的中体现维护社会和谐、推进生态文明建设、可持续发展的理念。

《噪声污染防治法》重新界定噪声污染内涵，针对有些产生噪声的领域没有噪声排放标准的情况，在"超标＋扰民"基础上，将"未依法采取防控措施"产生噪声干扰他人正常生活、工作和学习的现象界定为噪声污染。

《噪声污染防治法》扩大适用范围，着眼于维护最广大人民群众的根本利益，将工业噪声扩展到生产活动中产生的噪声；增加对城市轨道交通、机动车"炸街"、饲养宠物、餐饮等噪声扰民行为的管控；将一些仅适用城市的规定扩展至农村地区；明确环境振动控制标准和措施要求。

《噪声污染防治法》完善了政府责任，强化源头防控，加强各类噪声污染防治，强化社会共治，并加大惩处力度。法律明确了超过噪声排放标准排放工业噪声等违法行为的具体罚款数额，增加建设单位建设噪声敏感建筑物不符合民用建筑隔声设计相关标准要求等违法行为的法律责任，增加责令停产整治等处罚种类。

《噪声污染防治法》分类加强工业噪声污染、建筑施工噪声污染、交通运输噪声污染和社会生活噪声污染等噪声污染的防治工作。

（1）关于工业噪声，增加排污许可管理，规定噪声敏感建筑物集中区域禁止新建排放噪声的工业企业等方面的内容。

（2）关于建筑施工噪声，增加噪声污染防治费用列入工程造价、制定落实噪声污染防治实施方案、优先使用低噪声施工工艺和设备等方面的内容。

（3）关于交通运输噪声，增加规定制定交通基础设施工程技术规范应当明确噪声污染防治要求，建设经过噪声敏感建筑物集中区域的高速公路、城市高架、铁路和城市轨道交通线路等应当符合有关交通基础设施工程技术规范以及标准要求；明确禁止驾驶拆除或者损坏消声器、加装排气管等擅自改装的机动车以轰鸣、疾驶等方式造成噪声污染，并规定相应的法律责任；补充完善民用航空器噪声污染防治等方面的内容。

（4）关于社会生活噪声，补充完善邻里噪声、娱乐健身噪声、室内装修噪声、设施设备噪声、商业经营噪声、体育餐饮场所噪声等方面的内容。

《噪声污染防治法》坚持以人民为中心，坚持问题导向，着眼于人民群众普遍关心的社会生活噪声领域的突出问题作出规定，有针对性地防治社会生活噪声污染。

关于广场舞等娱乐健身噪声，法律规定在街道、广场、公园等公共场所组织或者开展娱乐、健身等活动，应当遵守公共场所管理者有关活动区域、时段、音量等规定，采取有效措施，防止噪声污染；不得违反规定使用音响器材产生过大音量。明确公共场所管理者应当合理规定娱乐、健身等活动的区域、时段、音量，可以采取设置噪声自动监测和显示设施等措施加强管理。

室内装修噪声也是邻里纠纷的一个重要原因。法律规定对已竣工交付使用的住宅楼、商铺、办公楼等建筑物进行室内装修活动，应当按照规定限定作业时间，采取有效措施，防止、减轻噪声污染。

一些商业经营场所高音喇叭反复播放广告，给周边群众造成困扰。法律规定禁止在商业经营活动中使用高音广播喇叭或者采用其他持续反复发出高噪声的方法进行广告宣传；对商业经营活动中产生的其他噪声，经营者应当采取有效措施，防止噪声污染。

7.9.2　相关标准规范

我国现行噪声环境质量标准见表 7.5，噪声污染排放（控制）标准见表 7.6。

表 7.5　　　　　　　　　　噪 声 环 境 质 量 标 准

序号	标 准 名 称	标准编号	发布时间	实施时间
1	机场周围飞机噪声环境标准	GB 9660—1988	1988 - 08 - 11	1988 - 11 - 01
2	声环境质量标准	GB 3096—2008	2008 - 08 - 19	2008 - 10 - 01

表 7.6　　　　　　　　　　噪 声 污 染 排 放 （控 制） 标 准

序号	标 准 名 称	标准编号	发布时间	实施时间
1	铁路边界噪声限值及其测量方法	GB 12525—1990	1990 - 11 - 09	1991 - 03 - 01
2	汽车定置噪声限值	GB 16170—1996	1996 - 03 - 07	1997 - 01 - 01
3	农用运输车噪声限值	GB 18321—2001	2001 - 03 - 21	2001 - 06 - 01
4	汽车加速行驶车外噪声限值及测量方法	GB 1495—2002	2002 - 01 - 04	2002 - 10 - 01
5	摩托车和轻便摩托车加速行驶噪声限值及测量方法	GB 16169—2005	2005 - 04 - 15	2005 - 07 - 01
6	摩托车和轻便摩托车定置噪声限值及测量方法	GB 4569—2005	2005 - 04 - 15	2005 - 07 - 01

续表

序号	标　准　名　称	标准编号	发布时间	实施时间
7	城市轨道交通列车噪声限值和测量方法	GB 14892—2006	2006－02－07	2006－08－01
8	工业企业厂界环境噪声排放标准	GB 12348—2008	2008－08－19	2008－10－01
9	社会生活环境噪声排放标准	GB 22337—2008	2008－08－19	2008－10－01
10	船用柴油机辐射的空气噪声限值	GB 11871—2009	2009－03－09	2009－08－01
11	全地形车加速行驶噪声限值及测量方法	GB 24929—2010	2010－08－09	2011－01－01
12	建筑施工场界环境噪声排放标准	GB 12523—2011	2011－12－05	2012－07－01

知识拓展：声学实验室

有多种环境监测实验室，如水环境监测实验室、颗粒物和大气环境监测实验室、生物实验室等，但您见过声学实验室吗？中国环境监测总站建有我国环境监测系统首个声学实验室。这个声学实验室中包含了两个独立的实验室：半消声室和声主观评价室。

◇　半消声室

半消声室采用房中房等隔声结构隔绝了绝大部分外界噪声，为声学测量提供了低背景噪声的环境。墙壁和天花板上都铺设了吸声尖劈（图1），使入射其上的声波被吸收掉而不是反射回去，消除反射波的干扰，提供了半自由场的声学测试环境。

图 1　半消声室

有趣的是，虽然噪声使人烦恼，但在半消声室这种极度安静的环境下，人的耳膜和心理也会有不适感。半消声室可用于声源声压级测量、声功率级测量、监测仪器校准等。

◇　**声主观评价室**

噪声与人的感觉息息相关，有的声音虽然声级大但很多人喜欢，如海浪声、交响乐等，有的声音即使声级低烦恼度仍然很大，如低频声、尖锐的哨音等。因此，开展相关研究能让噪声评价指标与人的感受更加接近。

声主观评价室具有一流的听音设施（图2），可以在实验室内播放各类噪声，如道路、飞机、变电站噪声等，开展主观评价及人体健康方面的实验。

图 2　声主观评价室

声学实验室的应用可以提高环境噪声监测数据质量，推动环境噪声监测与评价技术提升，是环境噪声监测工作发展的重要支撑。

思 考 与 练 习

1. 新修改的《噪声污染防治法》有哪些亮点？

2. 什么是环境噪声？噪声污染的特点是什么？噪声有哪些危害？

3. 你目前所在区域白天和晚上分别应执行《声环境质量标准》（GB 3096—2008）规定的哪一类标准？

4. 噪声监测中应关注哪些问题？

第8章
环境监测与评价

----本章导读----

　　本章主要介绍环境监测的基本知识和基本的操作技术以及环境质量评价、单要素评价、综合评价和环境影响评价等知识，并以地表水监测、污水监测、空气监测、植物污染监测为例，讲解环境监测的相关流程和方法，使读者熟悉建设项目环境影响评价的基本程序，并能从中获得启发，理解自己所学专业或行业中涉及的环境问题，掌握所学专业或行业中所涉及的环境指标的监测方法，熟悉自己所学专业或行业中涉及的建设项目环境影响评价的基本程序。

生态环境是时刻处于变化之中的。因此，为了保证生态环境长期稳定发展，必须"未雨绸缪"，也就是对环境进行监测与评价。生态环境监测工作是生态环境保护事业中的关键环节，精准的生态环境监测可以发挥极大的效果，为生态环境保护工作的开展提供数据支撑，有利于生态环保事业的长久发展，也能使生态环保工作更加符合社会发展的需求，使其与现阶段的经济形势相符，从而进一步提高生态环保工作效果。

环境监测是环境科学的一个重要分支学科。"监测"就是监视、测定、监控。广义上，环境监测是指在一定时期内对污染因子进行重复测定，追踪污染物种类、浓度的变化；狭义上，是对污染物进行定期测定，判断是否达到环境标准或评价环境管理和控制环境系统的效果。生态环境部门需要对环境质量进行实时监测，环境监测效果对环境保护有直接影响。但是，就我国环境治理现状来看，环境监测还远没有发挥其应有的效果，仍有一定的发展空间。

8.1　环境监测的定义

环境监测，是指用科学的方法（包括物理、化学、生物等方法）间断地或连续地监视和检测代表环境质量及其发展变化趋势的各种数据的全过程。其中包括化学监测、物理监测、生物监测、生态监测。目前，环境监测已成为一个涵盖监测网设计、采样与分析技术方法、质量控制与质量保证以及信息管理的系统性学科。

8.2　环境监测的对象

在开展环境相关的科学研究时，首先要明确的就是研究对象。环境监测的对象包括以下几种：

（1）反映环境质量变化的各种自然因素（地表水、地下水、大气）或称环境质量状况，包括水体、大气、噪声、土壤、作物、水产品、畜产品、放射性物质、电磁波、地面下沉、土壤盐碱化、沙漠化、森林植被、自然保护区等。

（2）对人类活动与环境有影响的各种人为因素（三废）或称污染源，包括工业、农业、交通、医院、城市第三产业、污水灌溉污染源等。

（3）对环境造成污染危害的各种成分。

简而言之，环境不同，环境监测的对象也就不同，环境监测的对象、方法、原理技术等都需要与环境相适应。

图 8.1 所示环境监测站用于检测大型湖泊、沿海等水体环境。

图 8.1　环境监测站

8.3　环境监测的目的和作用

环境监测的目的是准确、及时、全面地反映环境质量现状及发展趋势，为环境管理、污染源的控制、环境规划等提供科学依据。作用具体可归纳为以下方面：

（1）评价环境质量。环境质量评价是利用近期的环境监测数据，对照环境质量评价标准，对环境质量与人类社会生存和发展需要满足程度进行评定。环境标准的要求是能够以人类的健康，生态的完整，人与自然和谐相处作为基本的标准。环境不同，领域不同，参照的评价标准也就不同，这再次体现出了环境质量评价工作的复杂多变。现如今发展日新月异，可以开拓思维，利用高新技术提高环境质量评价水平。比如，可以让互联网技术、大数据等与环境质量评价互动，实现"跨界合作"。

（2）追踪寻找污染源。环境监测就像环境的"私人医生"，通过"望、闻、问、切"，找出环境的"病因"，对环境污染"追踪溯源"。

（3）收集本底数据，积累长期监测资料。通过这些长期资料，可以分析出污染的趋势与变化规律，建立防范模式及预警、预报模式。也就是说，长期对环境进行监测，不断分析并采取对策，才能"防患于未然"。

（4）为保护人类健康、保护环境、制定法规标准等服务。环境监测中对环境质量的评价、长期积累的监测资料等，一方面可以为制定国家及地方级环保政策提供标准，另一方面为依法监测及惩治提供依据。与此同时，环境监测数据还可以结合流行病调查数据，研究两者之间的互相影响，保护人类的身体健康。

8.4　环境监测的分类

环境监测一般按监测目的的不同来分类，也可以按监测对象的不同或专业部门来分类。

8.4.1　按监测目的或任务分类

环境监测按监测目的进行分类可分为三种，即常规监测、特定目的监测、研究性监测。

1. 常规监测

常规监测又称例行监测或监视性监测，是指对指定的项目进行定期的和长期的、连续的监测，以明确环境质量和污染源状况，评价环境标准的实施情况和环境保护工作的进展等。

建立各种监测网，如大气污染监测网、水体污染监测网等，累积监测数据，据此确定一个城市、省、区域、国家，甚至全球的污染状况及其发展趋势。这是环境管理部门的一项经常性的、制度性的工作。常规监测包括环境质量监测和污染源监测。其中环境质量监测是指对大气、水体、土壤等各种环境要素进行定时、定点的监测测定。

通过对环境质量的监测，可以掌握环境污染的变化情况，为选择防治措施、实施目标管理提供可靠的环境数据，为制定环保法规、标准及污染防治对策提供科学依据。而污染源监测是指对各种污染源的排放情况（包括污染物的种类、浓度及污染趋势等）进行定时监测。通过对污染源的监测，可以检查、监督各企事业单位遵守国家规定的污染物排放标准。

2．特定目的监测

特定目的监测又称应急性监测，是为了完成某种任务而进行的监测。根据特定目的，此类监测可分为污染事故监测、仲裁监测、考核验证监测、咨询服务监测四种。

（1）污染事故监测。这类监测是污染事故发生时进行应急性现场监测，以明确污染物的扩散方向、速度和可能波及的范围，目的是确定污染的因子、程度和范围。从而确定产生污染事故的原因及所造成的损失，以便采取措施。如对石油溢出事故所造成的海洋污染、核动力厂发生事故时放射性微尘所造成的大气污染等进行监测。此类监测形式除一般的地面固定监测外，经常还有流动（如监测车或监测船）监测、空中监测和卫星遥测等形式。

（2）仲裁监测。这类监测是指发生环境污染事故纠纷，或为解决环境执法过程中出现的污染物排放及监测技术等方面产生矛盾和争端时，进行的仲裁监测。为执法部门、司法部门提供具有法律效力的数据，为公正仲裁提供基本依据。仲裁监测只能由国家指定的权威部门进行。

（3）考核验证监测。这类监测包括人员、实验室的考核，方法的验证和污染治理工程竣工时的验收监测等。

（4）咨询服务监测。这类监测是指为政府部门、生产部门和科研部门等提供的咨询性监测。如建设项目或区域开发所进行的环境影响评价时所进行的环境监测。

3．研究性监测

研究性监测是根据或针对特定目的的科学研究所进行的高层次监测，为开展环境科学研究提供科学依据。

如对某一特定环境或某类污染因子进行监测，研究确定污染因子的运动规律，对环境、人体和生物的危害和影响程度；探索污染物的迁移、转化规律，以及所产生的各种环境效应和生物生态效应，环境监测方法的建立、环境标准物质的研制、环境本底值的确定等。

8.4.2　按监测介质或对象分类

按监测介质对象，环境监测的内容分为：①水和污水监测（环境水体监测的对象为地表水和地下水；污水监测的对象为生活污水、医院污水及各种废水）；②环境空气和废气监测；③土壤污染监测；④固体废物监测；⑤生物污染监测；⑥物理污染监测。

8.4.3　按专业部门分类

按专业部门分类，环境监测可分为气象监测、卫生监测、资源监测等，或分为化学监测、物理监测、生物监测等。

8.5 环境监测的特点、原则、要求及发展

8.5.1 环境监测的特点

（1）综合性。包括环境监测手段的多样性（物理、化学、生物等一切能表达环境质量或环境污染因子的方法都已被用于环境监测）、测定对象的多样性（包括水、大气、土壤、噪声、固体废物、生物、生态等客体）等方面。

（2）整体性。环境监测必须把握一系列关键环节，包括布点、采样、分析测试、数据处理、质量保证、综合、评价等环节。

（3）相关性。环境监测对象或要素的多样性，各要素或因子有时空的变化与密切的联系。只有进行综合分析、相关分析，才能说明环境质量的状况和揭示数据的真正内涵。

（4）目的性。环境监测的目的明确，就是要及时、准确、全面把握环境质量现状及其变化趋势。

（5）动态性。环境质量要素或污染因子的分布随时空变化而变化，因此不同时段、不同地域的监测会存在差异。

（6）连续性。环境要素或污染因子的时空分布性，决定了环境监测必须坚持长期连续测定，才能从大量的数据中揭示环境质量要素及污染因子的分布和变化规律，进而预测其变化趋势。

8.5.2 环境监测的原则

环境监测遵循优先监测原则，就是对以下污染物实行优先监测：

（1）对环境影响大的污染物。

（2）已有可靠监测方法并获得准确数据的污染物。

（3）已有环境标准或其他依据的污染物。

（4）在环境中的含量已接近或超过规定的标准浓度的污染物。

（5）环境样品有代表性的污染物。

我国公布的优先控制污染物名单中共有 19 类 68 种，其中有机类有 12 类 58 种，包括 10 种卤代烃、6 种苯系物、4 种氯代苯类、1 种多氯联苯、6 种酚类、6 种硝基苯、4 种苯胺、7 种多环芳烃、3 种邻苯二甲酸酯（酞酸酯）、8 种农药、1 种丙烯腈、2 种亚硝胺；其余为氰化物和 9 种重金属及其化合物，含砷及其化合物、铍及其化合物、镉及其化合物、铬及其化合物、铜及其化合物、铅及其化合物、汞及其化合物、镍及其化合物、铊及其化合物。优先控制污染物名单见表 8.1。

8.5.3 环境监测（数据）的要求

环境监测数据必须具有代表性、准确性、精确性、完整性和可比性，简称"五性"。

（1）代表性。监测结果能表示所测要素一定空间、时期情况。

表 8.1　　　　　　　　　　　　　　　我国环境优先控制污染物名单

序号	名称	序号	名称	序号	名称
1	二氯甲烷	24	2，4-二氯酚	47	酞酸二辛酯
2	三氯甲烷	25	2，4，6-三氯酚	48	六六六
3	四氯化碳	26	五氯酚	49	滴滴涕
4	1，2-二氯乙烷	27	对-硝基酚	50	敌敌畏
5	1，1，1-三氯乙烷	28	硝基苯	51	乐果
6	1，1，2-三氯乙烷	29	对-硝基甲苯	52	对硫磷
7	1，1，2，2-四氯乙烷	30	2，4-二硝基甲苯	53	甲基对硫磷
8	三氯乙烯	31	三硝基甲苯	54	除草醚
9	四氯乙烯	32	对-硝基氯苯	55	敌百虫
10	三溴甲烷	33	2，4-二硝基氯苯	56	丙烯腈
11	苯	34	苯胺	57	N-亚硝基二丙胺
12	甲苯	35	二硝基苯胺	58	N-亚硝基二正丙胺
13	乙苯	36	对-硝基苯胺	59	氰化物
14	邻-二甲苯	37	2，6-二氯硝基苯胺	60	砷及其化合物
15	间-二甲苯	38	萘	61	铍及其化合物
16	对-二甲苯	39	荧蒽	62	镉及其化合物
17	氯苯	40	苯并［b］荧蒽	63	铬及其化合物
18	邻-二氯苯	41	苯并［k］荧蒽	64	铜及其化合物
19	对-二氯苯	42	苯并［a］芘	65	铅及其化合物
20	六氯苯	43	茚并［1，2，3-cd］芘	66	汞及其化合物
21	多氯联苯	44	苯并［ghi］芘	67	镍及其化合物
22	苯酚	45	酞酸二甲酯	68	铊及其化合物
23	间-甲酚	46	酞酸二丁酯		

（2）准确性。测定数据的平均值与真实值的接近程度。

（3）精确性。重复测量值相互接近的程度。

（4）完整性。数据可满足预定额度。

（5）可比性。方法条件一致、不同地区时期数据可比。

8.5.4　环境监测的发展

　　环境监测最初是针对影响较大的环境污染事件进行监测，主要监测化学污染物。最初的环境监测是为了寻求环境质量变化的原因，调查污染物质的性质、来源、含量及其分布状态。

　　随着人类生产生活活动向深度、广度发展，以及环境学科的发展，环境监测的内容也由工业污染源监测，逐步发展到对大环境的监测，监测对象不仅是影响环境质量的污染因子，还包括生物、生态，监测其变化。同时，对物理污染因素（如噪声、振动、热、光、电磁辐射、放射性等）和生物污染因素也进行监测。

　　从单一的环境分析发展到化学监测、物理监测、生物监测、生态监测和遥感、卫星监测，各种自动连续监测系统相继问世，实现了环境质量现场连续监测和长期监测。环境监测的具体发展详见表 8.2。

表 8.2　　　　　　　　　　　　　　环境监测发展阶段及其特点

发展阶段	特 点			时 间	
	监测方式	监测项目	监测范围	国外	中国
被动监测（污染监测）阶段	定时、定点、手工采样，带回实验室进行化学分析	针对发现重大污染的化学污染物	环境中的有害化学毒物	20 世纪 50—60 年代	20 世纪 50—70 年代
主动监测（目的监测）阶段	采用半自动、自动采样器，使用化学物理生物多种监测方法，建立连续自动监测系统；国际合作	某个化学污染物-多种污染物之间的关系	多种物理因素以及污染物之间的相互作用	20 世纪 70 年代	20 世纪 80 年代
自动监测（污染防治监测）阶段	利用遥感、遥测技术和计算机技术，用卫星遥感监测有线或无线传输技术的数据信息中心来控制计算机，处理制作成污染趋势图及浓度分布图	预测预报未来环境质量，发布指令、通告并采取保护措施	城市、地区、全国、全球的物理监测、生物监测、生态监测、遥感和卫星监测	20 世纪 80 年代	20 世纪 80 年代

　　我国环境监测工作目前已形成了由全国各地的环境监测站组成的环境监测网络。以地表水环境检测网为例，2003 年国家环保总局下发了《关于新建和调整重点流域环境监测网的通知》（环发〔2003〕46 号），新建和重新调整了国家环境监测网。文件确定了长江、黄河、淮河、海河、珠江、辽河、松花江、太湖、巢湖和滇池十大流域国家环境监测网。

　　2019 年年底，生态环境部组织完成了"十四五"国家地表水环境质量监测网优化调整工作，"十四五"在全国共布设 3641 个国家地表水考核断面（点位）。其中，在 1837 条河流上设置监测断面 3293 个（包括在 224 条入海河流设置的入海水质监测断面 230 个），覆盖了长江、黄河、珠江、松花江、淮河、海河和辽河七大流域，浙闽片河流、西北诸河和西南诸河，太湖、滇池和巢湖三湖的环湖河流等；在太湖、滇池、巢湖等 210 个重点湖泊水库设置监测点位 348 个（86 个湖泊 200 个点位，124 座水库 148 个点位）。

　　2022 年 11 月，全国共监测 3464 个国家地表水考核断面（点位），其中，河流断面 3150 个（包含入海河流断面 229 个），湖库点位 314 个。

　　国家地表水水质自动监测网由网络中心站和水质自动监测子站组成。网络中心站设在中国环境监测总站，各水质自动监测子站委托地方环境监测站（简称"托管站"）负责日常运行和维护。中国环境监测总站负责在国家地表水水质自动监测实时数据发布系统对已建成并正式投入运行的国家地表水水质自动监测站（简称"国控水站"）数据。每 4 小时发布一次实时数据。发布的指标包括水温、pH 值、溶解氧、电导率、浊度、高锰酸盐指数、氨氮、总磷、总氮共 9 项监测指标，湖库水站增加叶绿素 a 和藻密度 2 项指标。并对国控水站进行水质评价，地表水水质评价指标为《地表水环境质量标准》（GB 3838—2002）表 1 中除水温、总氮、粪大肠菌群以外的 21 项指标。国控水站水质评价指标为 pH 值、溶解氧、高锰酸盐指数、氨氮、总磷 5 项指标。

8.6　环境监测的程序、技术方法及关键环节

如何开展环境监测工作？如何运用技术手段解决环境监测中的问题？必须站在科学的角度，谋划布局，充分利用现有的专业知识和科学技术，有条不紊地展开研究。这样环境监测工作才能长期稳定地进行下去，获得的数据才更加准确、可靠。

8.6.1　环境监测的程序

环境监测的程序，因监测项目不同而有所差异，但其基本程序是一致的。主要包括：

（1）进行现场调查及资料收集。调查的主要内容是各种污染源及排放规律，自然和社会的环境特征，包括地理位置、地形地貌、气象气候、土地利用情况，以及社会经济发展状况。

（2）确定监测项目。应根据国家规定的环境质量标准，结合本地区主要污染源及其主要排放物的特点来选择。同时还要测定气象、水文等项目。

（3）确定监测点的布设及采样时间和方法。采样点布设是否合理，是能否获得有代表性样品的前提，应予以充分的重视。

（4）选择和确定环境样品的保存方法。

（5）环境样品的分析测试。根据环境样品的特征和所测组分特点选择适宜的分析测试方法。

（6）数据处理、分析与结果上报。

通常，环境监测面对的是一个大范围，同时各种环境因素都随时间、空间而变化。但是不可能对环境全体（总体）进行监测，只能以少量环境样品（样本）的分析结果来推断总体环境质量。因此，环境监测必须做好各个环节的工作，包括确定监测的项目和范围、采样的位置和数据、采样时间和方法、样品的分析和数据处理等，并要保证监测数据具有完整的质量特征，即环境监测测定数据要符合"五性"——代表性、准确性、精密性、可比性和完整性。

8.6.2　环境监测的方法

从技术角度来看，环境监测的方法多种多样，包括物理监测、化学监测和生物监测。从先进程度来看，有人工监测、自动化监测等。

近年来，由于遥感技术、信息技术和数字技术的迅猛发展，环境监测的方法也在日新月异地发展与更新。例如，将无人机遥感技术应用于生态环境监测领域，能对无法实施人

工监测的点位进行监测，降低野外调查的工作量和难度，提高生态环境监测效率。无人机遥感技术在生态环境监测中的应用使生态环境监测在时间、空间等方面都取得了突破，提高了监测范围、监测效率和监测能力，为生态环境保护提供更加快速、直观、准确、全面的监测数据。另外，遥感技术在水体污染监测中的应用也越来越广泛。但不管什么方法，都取决于监测的目的和实际可能的条件。

8.6.3　环境监测技术

8.6.3.1　环境监测传统技术

以环境中污染物的监测技术为例，环境监测的传统技术主要有化学、物理监测技术和生物监测技术。

1. 化学、物理监测技术

分析化学的方法和手段在环境监测中广泛应用。容量分析、质量分析、光化学分析、电化学分析和色谱分析等应用于环境化学监测。物理监测技术方法发展也很快，如遥感技术在大气污染监测、水体污染监测以及植物生态调查等方面广泛应用。其中，对环境样品中污染物的成分分析及其状态与结构的分析，目前多用化学分析法和仪器分析法。

2. 生物监测技术

生物监测是指利用指示植物的伤害症状对大气污染作出定性、定量的判断。大气污染物中的生物监测可以通过测定植物体内污染物的含量，估计大气污染状况；可以通过观察植物的生理生化反应，如酶系统的变化、发芽率的降低等，对大气污染的长期效应做出判断；测定树木的生长量和年轮，估测大气污染的现状和历史；利用某些敏感植物，如地衣、苔藓等作为大气污染的植物监测器，可进行定点观测。

另外，水体污染中的生物监测可以利用水生生物群落结构变化进行监测，同时可引用生物指数和生物种的多样性指数等数学手段，简化监测方法。水污染的生物测试，即利用水生生物受到污染物的毒害作用所产生的生理机能变化，测定水质的污染状况（图8.2）。

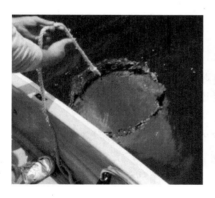 

图8.2　利用指示生物监测水体污染状况

8.6.3.2　环境监测新技术

1. "3S"技术

"3S"技术是指遥感（remote sensing，RS）、全球定位系统（Global position System，GPS）和地理信息系统（Geographic Information System，GIS）。"3S" 技术综合多种现代科技，以其显著优势被广泛运用于生态环境监测和分析活动中。RS 和 GPS 技术是通过遥感接收、传送的，GIS 技术是地面的计算机图像图形和属性数据的处理技术。整体 "3S" 系统要经过地面和卫星遥感通信连成计算机网络。卫星遥感技术可应用于空气污染扩散规律研究、水体污染监测、海洋污染监测、城市环境生态与污染监测、环境灾害监测，还可提供沙漠化进程、土地盐渍化和水土流失的情况、生态环境恶化状况以及工业废水和生活污水对水体的污染、石油对海洋的污染等基本状况和发展程度的数据和资料，并可获取生态环境变化的基本数据和图像资料。

2. ENVIS 系统

ENVIS 系统是数字化网络生态监测系统，用来监测生态环境参数及相关因子。它由数据采集器、传感器及相应总线模块（或网络化模块）、可选的服务器/客户端网络化数据采集器及数据处理软件组成一套强大的生态环境监测系统。系统自动采集并记录数据，选用经世界气象组织（WMO）认可的高精度传感器，模块化结构，设置简单，安装操作非常容易，易于维护。出厂前经严格测试，安全可靠，运行稳定，可长期置于野外无须人工看管。

这些环境监测新技术，使环境监测工作更加简单、快速，而且经济实用，能在野外或实验室内进行大批量的筛选实验，可大大提高工作效率。

8.6.4　环境监测的关键环节

一般而言，环境监测的范围较大，同时各种环境因素随时间、空间而变化。不可能对环境全体（总体）进行监测，只能以少量环境样品（样本）的分析结果来推断总体环境质量。

因此，环境监测必须做好各个环节的工作，包括确定监测的项目和范围、采样的位置和数量、采样时间和方法、样品的分析和处理以及质量保证工作等，以保证监测数据具有完整的质量特征（即环境监测测定数据符合代表性、准确性、精密性、可比性和完整性的要求）。

8.6.4.1　样品的采集和保存

下面以地表水和污水样品采集为例，说明环境监测样品的采集和保存方法。

水质采样有相应的采样标准规范，按照标准规范进行样品的采集才可获得有效的水体样品。目前我国主要的水质采样标准规范有《地表水和污水监测技术规范》（HJ/T 91—2002）、《水污染物排放总量监测技术规范》（HJ/T 92—2002）、《地下水环境监测技术规范》（HJ/T 164—2004）、《生活饮用水标准检验方法》（GB/T 5750.2—2006）、《水质样品的保存和管理技术规定》（HJ/T 493—2009）、《水质采样技术指导》（HJ/T 494—2009）和《水质采样方案设计指导》（HJ/T 495—2009）。

1. 地表水采样

（1）采样准备。采集地表水样品，应事先布设监测断面。监测断面的类型包括背景断面、控制断面、削减断面等。然后，确定采样点位（包括确定采样垂线与各垂线上的采样点数），确定采样频率与采样时间。采样前的准备工作还包括确定采样负责人、制定采样计划、采样器材与现场测定仪器的准备。

（2）采样方法。常用采样器包括聚乙烯塑料桶、单层采水瓶、直立式采水器或自动采样器。在地表水监测中通常采集瞬时水样，水样采入或装入容器中后，应立即加入保存剂。水样量考虑重复分析和质量控制的需要，并留有余地。

（3）注意事项：

1）采样时不可搅动水底的沉积物。

2）采样时应保证采样点的位置准确。

3）认真填写"水质采样记录表"，用签字笔或硬质铅笔在现场记录，字迹应端正、清晰，项目完整。

4）测溶解氧（DO）、五日生化需氧量（BOD_5）和有机污染物等项目时，水样必须注满容器，上部不留空间，并有水封口。

5）如果水样中含沉降性固体（如泥沙等），则应分离除去。分离方法为：将所采水样摇匀后倒入筒形玻璃容器（如 1～2L 量筒），静置 30min，将不含沉降性固体但含有悬浮性固体的水样移入盛样容器并加入保存剂。测定水温、pH 值、DO、电导率、总悬浮物和油类的水样除外。

6）测定湖库水的化学需氧量（COD）、高锰酸盐指数、叶绿素 a、总氮、总磷时，水样静置 30min 后，用吸管一次或几次移取水样，吸管进水尖嘴应插至水样表层 50mm 以下位置，再加保存剂保存。

7）测定油类、BOD_5、DO、硫化物、余氯、粪大肠菌群、悬浮物、放射性等项目要单独采样。

2．污水采样

（1）监测点位布设。

1）第一类污染物采样点。一律设在车间或车间处理设施的排放口或专门处理此类污染物设施的排放口。第一类污染物包括：总汞，烷基汞，总镉，总铬，六价铬，总砷，总铅，总镍，苯并（a）芘，总铍，总银，总 α 放射性，总 β 放射性，活性氯，石棉，氯乙烯。

2）第二类污染物采样点。一律设在排污单位的外排口。注意：对整体污水处理设施效率监测时，在各种污水处理设施污水的入口和污水设施的总排口设置采样点；对污水处理单元效率监测时，在各种进入处理设施单元的入口和设施单元的排口设置采样点。

（2）采样频次。

1）监督性监测：每年不少 1 次。

2）企业自我监测：一般每个生产日至少 3 次。

3）排污单位为了确认自行监测的采样频次，应在正常生产条件下的每一个生产周期内进行加密监测（周期在 8h 以内的，每小时采样 1 次；周期大于 8h 的，每 2h 采样 1 次）。

（3）采样方法。

1）从管道、水渠等落水口处取样。从管道、水渠等落水口处取样，直接用容器或聚乙烯桶，要注意悬浮物质分取均匀。

2）从排污管道中取样。在排污管道中采样，由于管道壁的滞留作用，同一断面不同部位流速有差异，污染物分布不均匀，浓度相差颇大。因此当排污管道水深大于 1m 时，可由表层起向下到 1/4 深度处采样，作为代表平均浓度的废水样。如果小于或等于 1m 时，可只取 1/2 深度的废水样即可。

3）从容器、贮罐、废水池等处取样。对盛有废液的小型容器，采样前先充分搅匀，然后取样。对污染物分布不均匀的大型贮罐或废水池，根据具体情况，可多点分层采样。可采用自制的负重架，架内固定聚乙烯塑料样品容器，沉入废水中采样。

（4）采样注意事项。

1）分装样品时，必须用水样冲洗三次后再行采样。涮洗用的水样应弃去，以排除可能带来的沾污。但采油的容器不能冲洗。

2）浑浊度、悬浮物等测定用水样，在采集后，应尽快从采样器中放出样品，在装瓶的同时摇动采样器，防止悬浮物在采样器内沉降。非代表性的杂物，如树叶、杆状物等，应从样品中除去。

3）采样时要防止采样现场大气中降尘带来的污染。采样时应避免剧烈搅动水体，任何时候都要避免搅动底质。用采水塑料桶或样品瓶人工直接采集水体表层水样时，采样容器的口部应该面对水流流向。

4）采水器的容积有限不能一次完成采样时，可以多次采集，将各次采集的水样集装在洗涤干净的大容器（容积大于 5L 的玻璃瓶或聚乙烯桶）中。样品分装时应充分摇匀。注意：混匀样品不适宜测定生化需氧量、油类、细菌学指标、硫化物及其他有特殊要求的项目。

5）测定生化需氧量、pH 值等项目的水样，采样时必须充满样品瓶，避免残留空气对测定项目的干扰。测定其他项目的样品瓶，在装取水样（或采样后）至少留出占容器体积 10% 的空间，一般可装至瓶肩处，以满足分析前样品充分摇匀。

6）在样品分装和添加保存剂时，应防止操作现场环境可能对样品的沾污。尤其测定微生物质的样品，更应格外小心，要预防样品瓶塞（或盖）受沾污。

7）凡需现场测定的项目，应进行现场测定。

3. 样品保存

水样变化的原因包括物理作用、化学作用、生物作用等。样品保存环节的预防措施包括选择恰当的保存容器、对容器进行妥当封存、对样品进行冷藏和冷冻、添加保存剂等。加入化学试剂保存法主要有：①控制溶液的 pH 值；②加入抑制剂；③加入氧化剂；④加入还原剂等。

8.6.4.2　样品的分析测定

样品采集完毕后，需要对样品中所需测定的各个指标进行分析测定。

一个监测项目的测定，往往有多种测定方法，各种方法的原理、所用仪器和操作程序不同，检出限及可测定的浓度范围、干扰情况，甚至结果表示的含义也不尽相同。

当用不同的方法测定同一项目时，会出现结果不一致的现象。因此，必须进行分析测定方法的选择。分析方法按其发展程度，即成熟程度分为三个层次：

（1）标准方法（也称分析方法标准）。是经方法的标准化程序，有权威机构所做的统一规定的技术准则和必须共同遵守的技术依据，可以保证分析结果良好的重复性、再现性和准确性。

（2）统一方法（也称实用方法）。是常规监测中实际采用的统一方法，尚需积累更多经验和多个实验室的反复验证，再经标准化的程序使之标准化。

（3）试行方法（也称预备方法）。该方法尚未成熟，需通过实践不断研究、修改和完善。

注意，选择分析方法时，首先要选择标准方法，如果没有标准方法，可暂采用统一方法或试行方法，待标准方法发布后执行国家标准。所选择的方法，应能达到所需要的检出限，检出限至少应小于环境标准值的 1/3，最好低于标准值的 1/10，对各种环境样品能得到与要求相近的准确度和精密度。

8.6.4.3　环境监测的质量控制

首先要明确环境监测的要求：准确可靠、快速灵敏、选择性好，在野外事故现场测定要求快速、简便。可归纳为："三高"——高灵敏度、高准确度、高分辨率；"三化"——自动化、标准化、计算机化。环境监测的质量，受监测方法、监测人员、监测仪器和实验室环境等多方面因素的影响。因此，对监测的全过程必须制定统一的规范和标准，才能保证监测结果的可靠性。其中监测质量控制是环境监测质量保证的重要组成部分。

环境监测的质量控制是指对监测过程进行监视、检验和控制的方法，其目的是将监测的误差控制在一定的限度内，以保证监测数据的准确性和精密性。环境监测的质量控制包括：实验室内部（分析）的质量控制和实验室外部的质量控制（实验室之间的质量控制）。

1．实验室内部的质量控制

实验室内部的质量控制是实验室自我控制质量的常规程序，包括：

（1）空白试验。如以水样代替实际样品，完全按照实验样品的操作程序，对所得到的结果进行分析。空白试验值的大小和重现性，可以反映实验室和分析人员的水平。

（2）标准曲线核实。是对标准曲线的线性关系进行检验。一般用相关系数来考查。相关系数是表示两个变量间线性关系的密切程度。

（3）标准加入试验。在样品中加入已知量的标准物质，测定其回收率。这是确定方法准确度最常用的方法。

（4）密码样品分析。由质量控制组织者将密码样品发给分析人员，测其含量，以考核分析人员的技术水平。密码样品可以是标准物质或含量已知的质量控制样品，也可以是分成若干份的平行样品。

（5）质量控制图。质量控制图是常用的实验室内部质量控制的有效方法，可以用于准确度和精密度的检验。质量控制图有均值控制图、加标回收控制图、均数-极值控制图等。

2．实验室外部的质量控制

实验室外部质量控制的目的主要是检验各实验室是否存在系统误差，提高实验室的分析质量，从而增强各实验室之间分析结果的可比性。实验室外部质量控制，是在实验室内部质量控制的基础上，由上级部门通过权威中心实验室发放标准参考样品，分发给各实验室。在规定期间内，各实验室采取标准方法或统一方法进行测定，测定结果报中心实验室进行统计处理等并做出评价。这样可发现各实验室的系统误差，提高分析测量水平，使各实验室的监测数据准确可比。

8.7　环境评价

8.7.1　环境质量评价

环境质量是指环境系统的内在结构和外部状态对人类以及生物界的生存和繁衍的适宜性，是针对某一个具体的环境内，环境的总体或环境的某些要素，对人群健康、生存和繁衍以及社会经济发展的适宜程度。

环境质量是表示环境本质属性的一个抽象概念，是环境状态品质优劣的表示，一般包括自然环境质量和社会环境质量。自然环境质量包括物理的、化学的、生物的质量。社会环境质量包括经济、社会、文化、美学等人文社会状况方面的质量。

环境质量可以用各种方法和手段作定性和定量描述。用于定量描述的有各种质量参数值、指标和质量指标数值；用于定性描述的是各种反映其程度的形容词、名词、短语，例如好、差、符合标准、不符合标准等。

环境质量评价是利用近期的环境监测数据，对照环境质量评价标准，评价环境系统的内在结构和外部状态对人类以及生物界的生存和繁衍的适宜性程度。环境质量评价是对环境质量与人类社会生存发展需要满足程度进行评定。环境质量评价有相应的评价标准和评价方法。评价环境质量优劣的基本依据是环境质量标准。

在地学等科学领域，对一定区域的自然条件或某些资源（矿产、水源、土壤、气候、森林等）都需要进行评价。但由于环境污染和生态破坏日益严重，环境质量评价已经具有新的含义。从 20 世纪 60 年代中期起，人们对环境质量进行了广泛的研究和评价。环境质量评价的基本目的，是为环境规划、环境管理提供依据，同时也是为了比较各地区受污染的程度。

环境质量评价的对象是环境质量与人类生存发展需要之间的关系，也可以说，环境质量评价探讨的是环境质量的社会意义。环境质量评价包括对水环境质量、环境空气质量、土壤环境质量、声环境质量和生态环境质量等进行评价。

环境质量现状评价的步骤如下：污染源调查与评价→环境污染物监测项目的确定→环境监测网点的布设→获得环境监测数据→建立环境质量指数系统进行综合评价→得到环境质量现状评价结论。

环境质量评价包括单要素质量评价和综合环境质量评价。单要素质量评价是对某一环境要素的环境质量进行评价。综合环境质量评价是对诸要素综合进行评价，即按一定的目的，对一个区域的环境质量进行总体的定性和定量的评定。环境质量综合评价通常是在各种单要素评价的基础上综合归纳的。

环境质量评价指数法通常被广泛用于环境质量评价。环境质量指数是一个有代表性、综合性的数值，表征着环境质量的整体优势。环境质量指数可使用单个环境因子的监测值计算得到，也可由多个环境因子监测值综合算出。设计原则为：与代表评价因子相关、具有可比性、具有可累加性、直观易懂。

环境质量评价方法主要有单因子环境质量指数评价法、单要素多因子环境质量分指数评价法和多要素环境质量综合指数评价法。

（1）单因子环境质量指数评价公式如下：

$$I_i = \frac{C_i}{S_i} \tag{8.1}$$

式中　I_i——第 i 种污染物的环境质量指数；

　　　C_i——第 i 种污染物的环境浓度；

　　　S_i——第 i 种污染物的环境质量评价标准。

环境质量指数 I_i 可以看成是某种污染物在环境中的浓度超过评价标准的程度，也称超标倍数。需要注意的是，单因子环境质量指数值是相对于某一评价标准而言的。

（2）单要素多因子环境质量分指数评价又有均值型多因子指数法、计权型多因子指数法、内梅罗型多因子指数法等多种环境质量分指数评价方法。

1）均值型多因子指数评价公式如下：

$$I = \frac{1}{n} \sum_{i=1}^{n} I_i \tag{8.2}$$

式中　n——参与评价的因子数目。

均值型指数的基本出发点是各种因子对环境的影响是等权的。

2）计权型多因子指数评价公式如下：

$$I = \sum_{i=1}^{n} W_i I_i \tag{8.3}$$

式中　W_i——对应于第 i 个因子的权系数。

权系数的确定是关键，常用专家调查法来确定。

3）内梅罗型多因子指数评价公式如下：

$$I = \sqrt{\frac{(I_{i\max})^2 + (I_{ave})^2}{2}} \tag{8.4}$$

式中　$I_{i\max}$——参与评价的最大的单因子指数；

　　　I_{ave}——参与评价的单因子指数的均值。

（3）多要素环境质量综合指数评价法。多要素环境质量综合指数一般是对各要素的环境质量分指数进行线性加权累加得到。根据该综合指数的范围对最终的评价对象确定其环境质量等级，而对分指数的非线性和相互耦合作用较少考虑。因此，要评价一个区域的环境质量，不仅要对其中各环境要素进行评价，还需要对一个区域的环境质量进行综合评价，以得出该地区环境总的质量状况。

8.7.2　环境影响评价

环境影响是指人类活动（包括经济活动、政治活动和社会活动等）导致的环境变化以及由此引起的对人类社会的效应。环境影响概念包括人类活动对环境的作用和环境对人类的反作用两个层次。

《环境影响评价法》指出："本法所称环境影响评价，是指对规划和建设项目实施后可能造成的环境影响进行分析、预测和评估，提出预防或者减轻不良环境影响的对策和措施，进行跟踪监测的方法与制度。"

环境影响评价的依据，主要包括环境标准、环境保护法律法规、环境政策、产业政策等。

1. 环境影响评价发展历程

1969 年，美国国会通过了《国家环境政策法》，成为世界上第一个把环境影响评价用法律固定下来并建立环境影响评价制度的国家。随后，瑞典、新西兰、加拿大、澳大利亚等国陆续建立了环境影响评价制度。与此同时，国际上开始设立一些有关环境影响评价的机构，并召开一系列环境影响相关的会议，促进了环境影响评价的应用与发展。

我国的环境影响评价制度开始较晚，1979 年 9 月颁布的《环境保护法》标志着我国的环境影响评价制度正式确立。但是直到 1989 年新版《环境保护法》施行之后，包括环评、"三同时"、排污收费、城市环境综合整治定量考核、环境保护目标责任、排污申报登记和排污许可证、限期治理、污染集中控制在内的环境管理"八项制度"才正式建立。随后，《建设项目环境保护管理条例》（1998）、《环境影响评价法》（2002）和《规划环境影响评价条例》（2009）的陆续出台，意味着我国环境影响评价"一法两条例"的法律体系基本完善，环评制度开始逐步进入到我国社会经济生活中的方方面面。

2004 年，国家环境保护总局会同人事部发布了《环境影响评价工程师职业资格制度暂行规定》，开始实施环评工程师制度。在此基础上，国家环境保护总局于 2005 年发布了《建设项目环境影响评价资质管理办法》，对从事环境影响评价的机构提出环境影响评价专职技术人员的要求，将环境影响评价机构与人员的管理纳入了统一轨道。

随着时间的推移，我国环境影响评价制度日趋成熟，并具备了相对完善的管理体系、法规体系、技术支持体系及环境影响评价资格资质管理体系等。伴随一系列环评相关配套法规、标准、准则的出台，环评业务越来越精细化、专业化。环评制度的理念以预防为主，可以对建设项目的可行性采取一票否决，可以使主管部门的管理有据可依，可以提高业主的环保意识，在降低环境污染、保护生态环境等方面发挥着重要作用。而规划环评还可以从宏观角度针对规划行为的现实可行性进行分析与论证，从源头促使相关部门在规划与政策制定时综合考虑规划与环境保护之间的关系，切实采取有效对策最大限度降低污染与资源消耗。在《环境影响评价法》实施后的十多年里，环境影响评价在我国经济高速发展的大背景下对环境保护起到了很大作用。

2. 项目环境影响评价的工作程序

环境影响评价工作一般分为三个阶段，即调查分析和工作方案制定阶段、分析论证和预测评价阶段、环境影响报告书编制阶段，具体流程如图 8.3 所示。

8.7.3　环境预测

环境预测是指依据调查或监测所得的历史资料，运用现代科学方法和手段，给出未来的环境变化和发展趋势。即预测是指对研究对象的未来发展做出推测和估计。或者说预测就是对发展变化事物的未来做出科学的分析。

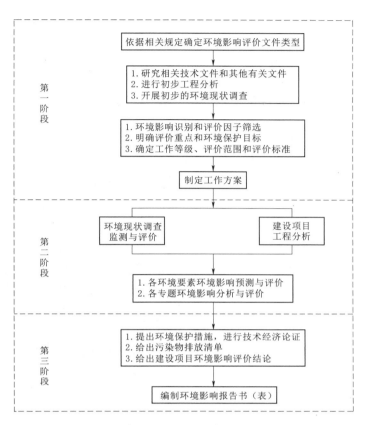

图 8.3　建设项目环境影响评价工作程序

1. 环境影响预测的主要方法

环境影响预测的主要方法包括定性预测、定量预测和综合预测三种。

（1）定性预测。定性预测不采用历史数据进行数值计算，而采用如经验推断法、启发式预测法、专业判断法、层次分析法、先导指标分析法等进行预测。在经济、社会和环境活动中，有许多现象无法做出定量的描述，另外有时也不需要预测出未来的细节，只要掌握主要的发展趋势即可。这时定性预测方法将起到定量预测方法无法代替的作用。

（2）定量预测。主要是依靠历史统计数据，在定性分析的基础上构建数学模型进行预测。属于定量预测方法的有趋势外推法、回归分析法、投入产出法、模糊推理法等。

（3）综合预测。将定性预测与定量预测相结合的预测方法。即在定性的预测方法中，也要辅之以必要的数值计算；而在定量的预测方法中，模型的选择、因素的取舍以及结果的鉴别等，也都必须以人的主观判断为前提。

2. 环境影响预测其他方法

实际预测工作中，根据预测需求，一般还采用以下几种预测方法：

（1）数学模式法。能给出定量的预测结果，但需一定的计算条件和输入必要的参数、数据。一般情况此方法比较简便，应首先考虑。选用数学模式时要注意模式的应用条件，如实际情况不能很好满足模式条件而又拟采用时，要对模式进行修正并验证。

（2）物理模式法。定量化程度较高，再现性较好，能反映比较复杂的环境特征，但需要有合适的试验条件和必要的基础数据，且制作复杂的环境模型需要较多的人力、物力和时间。在无法利用数学模式预测而又要求定量精度较高时，应选用此方法。

（3）类比分析法。属于半定量性质。如由于评价工作时间较短等原因，无法取得足够的参数、数据，不能采用前述两种方法进行预测时，可选用此方法。生态环境影响评价中常用此方法。

（4）专业判断法。是定性地反映建设项目的环境影响。建设项目的某些环境影响很难定量估测，如对人文遗迹、自然遗迹与"珍贵"景观的环境影响等，或由于评价时间过短而无法采用以上三种方法时，可选用此方法，生态影响预测采用的生态机理分析法、景观生态分析法等属此类方法。

知识拓展：环境影响评价工程师

环境影响评价工程师是指通过环境影响评价工程师考试，取得环境影响评价工程师职业资格证书，从事环境影响评价工作的专业技术人员。我国的环境影响评价工程师资格考试（环评工程师资格考试）自 2004 年开始实施，考试科目包括环评相关法律法规、环评技术导则与标准、环评技术方法和环评案例分析。环评工程师资格考试除了考查考生对环评基本理论知识掌握程度，也对考生分析问题、解决问题和实际动手能力具有较高的要求，因而考试难度大，通过率低。对环境影响评价工程师而言，其不仅要具备良好的专业知识、专业技能和书写环评报告书能力，更要具备对实际问题的分析与解决能力。

思 考 与 练 习

1. 简述环境监测的目的。

2. 我国水质监测采集标准规范主要有哪些？

3. 地表水监测中，水样采集的主要工作包括哪些方面？请从监测断面、采样点位的确定、采样频率、采样时间、采样前的准备、采样方法、采样注意事项、样品保存等方面来阐述。

4. 请按下表给定的数据，计算某地大气的单因子环境质量指数、均值型多因子指数、计权型多因子指数和内梅罗型多因子指数。

表 1　　　　　　　　　　某地大气环境质量评价因子及评价标准

评价因子	TSP	SO_2	NO_x
日均浓度/（mg/m³）	0.19	0.32	0.23
评价标准/（mg/m³）	0.25	0.25	0.15
计权系数	0.25	0.45	0.25

5. 简述建设项目环境影响评价的一般工作程序。

第 9 章
环 境 管 理

本章导读

　　本章主要对环境管理进行概述，使读者熟悉环境管理的基本手段和方法以及我国环境保护的基本方针、政策、环境管理体系及党的十八大以来我国环境管理体制的重塑路径。

9.1　环境管理的基础知识

9.1.1　环境管理的定义

狭义的环境管理主要是指采取各种措施控制污染的行为，例如：通过制定法律、法规和标准，实施各种有利于环境保护的方针、政策，控制各种污染物的排放。

广义的环境管理是指运用经济、法律、技术、行政、教育等手段，限制人类损害环境质量的活动，通过全面规划使经济发展与环境相协调，达到既要发展经济满足人类的基本需要，又不超出环境的容许极限。

广义的环境管理的核心就是实施经济社会与环境的协调发展。

9.1.2　环境管理的五个基本手段

1. 法律手段

法律手段是环境管理的一个最基本的手段，依法管理环境是控制并消除污染，保障自然资源合理利用并维护生态平衡的重要措施。目前，我国已初步形成了由国家宪法、环境保护法、与环境保护有关的相关法、环境保护单行法和环保法规等组成的环境保护法律体系。

2. 经济手段

经济手段是指运用经济杠杆、经济规律和市场经济理论促进和诱导人们的生产、生活活动遵循环境保护和生态建设的基本要求。例如：国家实行的排污收费、综合利用利润提成、污染损失赔偿等就属于环境管理中的经济手段。

3. 技术手段

技术手段是指借助既能提高生产率又能把对环境的污染和生态的破坏控制到最小限度的技术以及先进的污染治理技术等来达到保护环境的目的。例如：国家制定的环境保护技术政策推广的环境保护最佳实用技术等就属于环境管理中的技术手段。

4. 行政手段

行政手段是指国家通过各级行政管理机关，根据国家的有关环境保护方针政策、法律法规和标准而实施的环境管理措施。例如：对污染严重而又难以治理的企业实行的关、停、并、转、迁就属于环境管理中的行政手段。

5. 教育手段

教育手段是指通过基础的、专业的和社会的环境教育，不断提高环保人员的业务水平和社会公民的环境意识，来实现科学管理环境以及提倡社会监督的环境管理措施。例如：各种专业环境教育，环保岗位培训，环境社会教育等就属于环境管理中的教育手段。

9.1.3　环境管理的方法

环境管理的一般方法：明确问题、鉴别与分析可能采取对策、制定规划、执行规划、评价反映与调查对策。

环境管理的预测方法：定性预测技术，定量预测技术，评价预测技术。

环境管理的决策方法：所谓决策就是根据综合分析，在多种方案中选择最佳方案。此外还有环境管理的系统分析方法、费用-效益分析法、层次分析法、目标管理等多种方法。

清洁生产：清洁生产也被称为"废物减量化""废物最小化""少废无废工艺""无害工艺""减废技术"或"污染预防"等。清洁生产是人们思想和观念的一种转变，是环境保护战略由被动反应向主动行动的一种转变。清洁生产是将整体预防的环境战略持续应用于生产过程、产品和服务中，以增加生态效率和减少人类及环境的风险。

ISO 14000 环境管理体系：环境管理体系围绕环境方针的要求展开环境管理，管理的内容包括制定环境方针、实施并实现环境方针所需要的相关内容、对环境方针的实施情况与实现程度进行评审并予以保持等。环境管理所涉及的管理要素包括组织结构、计划活动、职责、惯例、程序、过程和资源等。

9.2 环境管理体系运行模式

环境管理体系运行模式遵循了传统（查理斯·德明提供）的 PDCA 管理模式（图 9.1）。

规划（plan）：规划出管理活动要达到的目的和遵循的原则。

实施（do）：在实施阶段实现目标并在实施过程中体现以上工作原则。

检查（check）：检查和发现问题，及时采取纠正措施，以保证实施与过程不会偏离原有目标与原则。

改进（action）：实现过程与结果的改进提高。

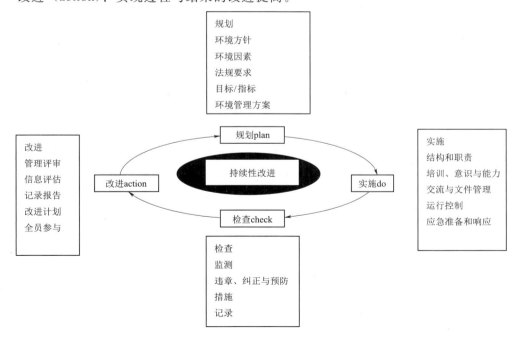

图 9.1 环境管理体系的 PDCA 模式

9.3　我国环境管理的发展历程

9.3.1　创建阶段（1972 年—1982 年 8 月）

在理论认识上，要把环境管理放在环境保护工作的首位。

在经济发展的战略指导思想中重视经济与环境的辩证关系。环境管理是一门科学，是环境科学的一个重要分支学科。

在政策措施和立法上，党的十一届三中全会以来，为了强化环境管理，党和国家采取了一系列政策措施并颁布了一些环境保护法律法规。

在组织措施上，明确规定了环境保护机构和职责。各省、自治区、直辖市认真贯彻环境保护法，逐步调整加强了环境保护机构。国务院环境保护机构也在 1982 年的国家机构改革中得到了初步解决。

9.3.2　开拓阶段（1982 年 8 月—1989 年 4 月）

1. 环境管理思想的转变和提高

微观管理与宏观调控相结合，进一步明确了环境管理的地位和作用，建立以合理开发利用资源为核心的环境管理战略，明确区分环境管理与环境建设两个概念的含义。

2. 环境政策及环境法制建设取得很大进展

中国环境政策体系已初步形成；环境保护法规体系初步形成；初步形成了我国的环境标准体系。

3. 环境管理体系的形成和发展

环境管理组织体系初步形成，环境管理机构的职能得到加强，开始进行环境管理体制改革。

9.3.3　改革创新阶段（1989 年 5 月—）

环境管理的三大转变：环境管理由末端环境管理过渡到全过程环境管理；由以浓度控制为基础的环境管理，过渡到以总量控制为基础的环境管理；由以行政管理为主，走向法制化、制度化、程序化，依法进行环境管理。

具有中国特色的政策、法规日趋完善，环境管理必须为推进可持续发展做出积极贡献。

9.4　我国环境保护的基本方针和政策

9.4.1　我国环境保护的基本方针

我国的环境形势还相当严峻，我国环境问题产生的原因主要如下：

（1）认识水平不高，环境意识淡薄。

（2）长期沿袭粗放型经济增长方式，增加了能耗，扩大了环境污染和生态保护。

（3）结构性污染和产业布局不合理问题突出。

（4）环境投入不足。

（5）环境科技和产业滞后。

我国环境保护的基本方针为："全面规划、合理布局、综合利用、化害为利、依靠群众、大家动手、保护环境、造福人民"的环境保护三十二字方针；经济建设、城乡建设和环境建设要同步规划、同步实施、同步发展，做到经济效益、社会效益和环境效益的统一的"三同步、三统一"的方针。

9.4.2 我国环境保护的政策

1. 环境保护基本国策的确立

在第二次全国环境保护会议上，国务院宣布环境保护是中国现代化建设中的一次战略性任务，是一项基本国策。

2. 我国环境保护三大政策

（1）"预防为主"的政策。"预防为主"政策的基本思想是通过采取有效的预防措施来防止环境问题的产生，即把环境污染的预防工作、管理工作做在环境污染产生之前，做到防患于未然。

（2）"谁污染谁治理"的政策。"谁污染谁治理"政策的基本思想是谁造成了污染，就由谁来承担治理的责任，即要明确污染者担负治理污染的责任和费用。保护环境是生产者不可推卸的责任和义务。因为生产者在生产过程中污染了环境而获得了利润，理应负责治理在生产过程中产生的环境污染，把外部不经济性内化到企业的生产成本中去。这是我国和许多国家实行的一条重要原则。

（3）"强化环境管理"的政策。"强化环境管理"政策的基本思想是通过管理实现控制污染、保护环境的目的。也就是通过行政、法律、经济、技术、宣传教育的手段，控制环境问题的产生和发展，提高环境保护资金的效益。三大政策中，核心是强化环境管理（图9.2）。

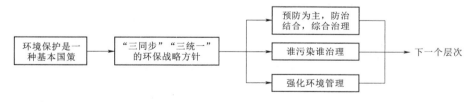

图9.2 环境政策体系

三大环境政策的下一个层次包括：环境经济政策、生态保护政策、环境保护技术政策、工业污染控制政策，以及相关的能源政策、技术经济政策等。

3. 我国环境政策的深化和发展

在制定和发展环境保护政策的过程中，应当贯彻以下原则：如可持续发展原则，预防

污染原则，污染者负担原则，经济和资源利用效率原则，污染综合控制原则，公众参与原则，环境与经济发展综合决策原则等。

近期我国环境保护政策深化和发展的目标包括以下方面：

（1）建立环境保护和经济发展的一体化决策机制，使经济发展政策、规划能有效考虑环境保护的要求，主要手段是建立政策、规划与计划的环境影响评价制度。

（2）建立环境保护法律、法规的有效实施机制，建立完备有效的监督手段。

（3）建立污染综合控制和全过程控制体系，采用清洁生产的各种手段。

（4）应用各种创新的环境经济手段，如环境税、排污权交易等。

（5）鼓励企业和社会各界采取各种自愿行动，如实施 ISO 14000，政府环境管理机构同企业的自愿协议，绿色产品标志等。

（6）鼓励公众参与环境保护。

9.5 我国的环境法律制度

9.5.1 环境管理制度的含义和特征

环境管理制度是指由调整特定环境社会关系的一系列环境法律规范所组成的相对完整的规则系统。它是环境管理制度的法律化，是环境法规范的一个特殊组成部分。

环境管理制度的特征如下：

（1）环境法律制度在适用的对象上具有特定性，只适用于环境保护管理的某个方面。

（2）环境法律制度在规范的组成上具有系统性和相对的完整性。

（3）环境管理制度在实施中具有较强的可操作性。

9.5.2 环境法律制度的分类

环境法律制度根据其在环境保护管理中所处的地位可分为以下几类：

（1）基本环境法律制度。指在环境保护管理中起主导和决定作用的制度。这方面的制度主要有环境规划制度、环境影响评价制度、环境保护许可证制度、排污收费制度、环境标准制度、环境监测制度等。

（2）一般环境法律制度。指在环境保护管理中起着辅助和配合作用的制度。这方面的制度主要有申报登记制度、现场检查制度、应急措施制度、环境标志制度、行政代执行制度等。

环境法律制度根据适用的不同阶段可分为以下几类：

（1）行为前适用的制度，如环境规划制度、环境计划制度、环境影响评价制度、某些环境开发利用行为的事前登记许可制度等。

（2）行为过程中适用的制度，如"三同时"制度、环境监测制度、排污申报登记制度、征收排污费制度、限期治理制度和其他一些关于禁止或限制某些有害环境活动的制度等。

（3）行为后适用的制度，如环境法律责任制度、环境保护奖励制度、环境污染破坏事故报告制度、环境纠纷处理制度等。

（4）行为全过程适用的制度，如现场检查制度、环境标准制度等。

9.5.3 我国成熟的环境法律制度

（1）"老三项制度"，指环境影响评价制度、"三同时"制度和排污收费制度。

（2）"八项制度"，一般把我国环境法的基本制度归纳为"八项制度"：①环境影响评价制度；②"三同时"制度；③排污收费制度；④环境保护目标责任制；⑤城市环境综合整治定量考核制度；⑥排污许可证制度；⑦污染集中控制制度；⑧污染限期治理制度。

9.5.4 我国 15 个环境法律制度介绍

1. 环境影响评价制度

环境影响评价，是指在环境的开发利用之前，对该开发或建设项目的选址、设计、施工和建成后将对周围环境产生的影响、拟采取的防范措施和最终不可避免的影响所进行的调查、预测和估计。它是实现预防为主原则的最有效途径之一。环境影响评价制度则是法律对进行这种调查、预测和估计的范围、内容、程序、法律后果等所做的规定，是环境影响评价在法律上的表现。

2. "三同时"制度

"三同时"制度，是指建设项目中的环境保护设施必须与主体工程同时设计、同时施工、同时投产使用的制度。它是我国环境管理的基本制度之一，也是我国所独创的一项环境管理制度，同时也是控制新污染源的产生，实现预防为主原则的一条重要途径。

3. 排污申报登记制度

排污申报登记制度，是指由排污者向环境保护行政主管部门申报其污染物的排放和防治情况，并接受监督管理的一系列法律规范构成的规则系统。它是排污申报登记的法律化。

4. 限期治理制度

限期治理制度，是指对现已存在的危害环境的污染源，由法定机关做出决定，令其在一定期限内治理并达到规定要求的一整套措施。它是减轻或消除现有污染源的污染，改善环境状况的一项环境管理制度，也是我国环境管理中所普遍采用的一项管理制度。

5. 征收排污费制度

征收排污费制度又称排污收费制度，是指国家环境管理机关依照法律规定对排污者征收一定费用的一整套管理措施。它既是环境管理中的一种经济手段，又是"污染者负担原则"的具体执行方式之一。其目的是促进排污者加强环境管理，节约和综合利用资源，治理污染，改善环境，并为保护环境和补偿污染损害筹集资金。

6. 环境保护许可证制度

环境保护许可证制度，是指从事有害或可能有害环境的活动之前，必须向有关管理机关提出申请，经审查批准，发给许可证后，方可进行该活动的一整套管理措施。它是环境行政许可的法律化，是环境管理机关进行环境保护监督管理的重要手段。

7. 排污总量控制制度

排污总量控制制度，是指国家对污染物的排放实施总量控制的法律制度。在此概念中，"总量"一词指的是在一定区域和时间范围内的排污量的总和和一定时间范围内某个企业的排放量之和。

8. 环境保护设施正常运转制度

环境保护设施正常运转制度，是指已经投入使用的环境保护设施，必须保持其正常运转状况的一项法律制度。该制度是"三同时"制度的配套制度。环境保护设施与主体工程实现"三同时"以后，能否保证设施的正常运转，就成了"三同时"制度作用能否充分发挥的重要一环。

9. 环境保护现场检查制度

环境保护现场检查制度是关于环境保护部门和有关的监督管理部门对管辖范围内的排污单位进行现场检查的一整套措施、方法和程序的规定。它是环境管理的重要法律制度，也是环境执法的重要手段之一。它能够促使排污单位依法加强环境管理，积极采取污染防治措施，减少污染物的排放和消除污染事故隐患，并可以使环境管理机关及时发现和处理环境违法行为。

10. 落后工艺设备限期淘汰制度

落后工艺设备限期淘汰制度，是指对严重污染环境的落后生产工艺和设备，由国务院经济综合主管部门会同有关部门公布名录和期限，由县级以上人民政府的经济综合主管部门监督生产者、销售者、进口者和使用者在规定的期限内停止生产、销售、进口和使用的法律制度。

11. 强制应急措施制度

强制应急措施制度，是指在某些特定的环境要求受到严重污染，威胁到人民生命财产安全时，有关政府机关依法采取强制性应急措施以解除或者减轻危害的环境管理制度。

12. 环境监测制度

环境监测制度是环境监测的法律化，是围绕环境监测而建立起来的一整套规则体系。它通常由环境监测组织机构及其职责规范、环境监测方法规范、环境监测数据管理规范、环境监测报告规范等组成。

13. 城市环境综合整治定量考核制度

城市环境综合整治定量考核制度，是指通过实行定量考核，对城市政府在推行城市环境综合整治中的活动予以管理和调整的一项环境监督管理制度。

14. 环境污染与破坏事故报告制度

环境污染与破坏事故报告制度，是指因发生事故或者其他突发性事件，造成或者可能造成污染与破坏事故的单位，除了必须立即采取措施进行处理外，还必须及时通报可能受到污染危害的单位和居民，并且向当地环境保护行政主管部门和有关部门报告，接受调查处理，以及当地环境保护行政主管部门向上级主管部门和同级人民政府报告的法律制度。

15. 环境保护目标责任制

环境保护目标责任制是一种具体落实地方各级人民政府和有污染的单位对环境质量负责的行政管理制度。这项制度确定了一个区域、一个部门乃至一个单位环境保护的主要责任者和责任范围，运用目标化、定量化、制度化管理方法，把贯彻执行环境保护这一基本国策作为各级领导的行动规范，推动环境保护工作全面、深入发展。

9.6　我国的环境管理体系

环境管理体系是指由调整特定环境社会关系的一系列环境法律规范所组成的相对完整的规则系统。它是环境管理制度的法律化，是环境法规范的一个特殊组成部分。我国环境保护法规体系如图 9.3 所示。

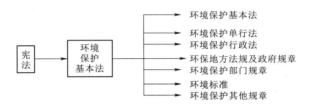

图 9.3　我国环境保护法规体系示意

9.7　党的十八大以来我国环境管理体制的重塑路径

党的十八大以来，在习近平生态文明思想的指引下，党和政府在生态环境管理体制方面，包括环保机构改革、环保权责与职能划分、环境责任监督机制等方面进行了系统化、全方位、宽领域、广触角的制度创新，我国环境管理体制正在经历一场革命性重塑。

从组织的内部控制视角进行剖析，我国生态环境管理体制的重塑路径在权责配置、环保激励强度和信息对称性三个维度上共享着统一的解释逻辑，即生态环保权责上的横向"扩权赋能"与纵向"收权压责"并举、面向生态环保"督政"的强激励机制重构以及迈向上下对称的环境信息渠道优化策略。这些体制重塑的逻辑和路径正在渗透和融入我国开展的一系列生态环保的制度创新与实践过程中。

9.7.1　生态环保权责上的"扩权赋能"与"收权压责"并举

1. 横向职能结构上的"扩权赋能"

政府权责配置的变动是以机构改革的形式完成的。从权责配置的角度来看，我国环境管理体制重塑在时间脉络中也表现出某种线性演化的过程。环保机构的权责内涵在新中国成立尤其是改革开放之后，基本上是沿着"增权赋能"的路径演进的，这一特征自 20 世纪末开始变得愈加明显。通过比较分析 1998 年、2008 年与 2018 年国家环保部门的三定方案发现，1998 年以来，伴随环保大部门体制改革的推进，我国环保机构的权责配置从组织结构的变化与横向职能整合来看，其"增权赋能"的特征更加明显，尤其是 2018 年的生态环境大部门体制改革，新组建的生态环境部将原本分散布置在其他 6 个职能部门的污染防治与生态环保的职责整合在一起，一方面借鉴和遵循了西方发达国家生态环境治理

体制变革的成功经验与发展趋势，另一方面也回应了当前我国经济社会发展最新阶段人们对生态建设的诉求与期待。

从 1998 年的国家环境保护总局到 2018 年的生态环境部，我国生态环境管理体制在横向职能结构上的变化具体表现在三个方面：第一，在职能配置上，国家环保职能实现了从碎片化布局到一体化集聚的转变；第二，在机构设置上，实现了跨部门协作到多部门重组的转变；第三，在权责履行上，实现了重专业性事务到重综合性决策的转变。

2. 纵向层级结构上的"收权压责"

从环境管理体制的演进历史来看，20 世纪七八十年代，我国实行的是严格的环保属地管理制度。通过比较 1989 年和 2015 年新旧两部环境保护基本法及其实施细则中关于"监管管理""保护环境"等章节的条款，发现新法与旧法相比，在权责配置方面的规定具有以下特征：第一，对中央政府、地方政府、中央和地方环保职能部门以及履行相关环保职责的企事业单位的事权界定更加详细，边界更加清晰，责任更加明确；第二，明确并强化了中央环保部门综合决策、跨部门和跨区域协调、监督（包括环境监测、监察）的职责，同时将大量执行性事权赋予省级以下地方政府及职能部门，实行决策权、执行权和监督权的适度分离；第三，弱化地方的属地环保责任，将环境监测权、监察权、环保评价等部分事权上收至省级（含）以上政府，将实现环境目标和完成治理任务的执行责任向地方"压实"。

除了在法律规定上出现的变化外，我国确保环境责任落实到位的制度设计也在发生明显的变化。比如，2015 年出台的《党政领导干部生态环境损害责任追究办法（实行）》建立"政府生态责任终身追究制度"。2016 年，中央在河北和重庆两个省区实施了"省以下环保机构监测监察执法垂直管理制度改革试点"，首次在省级以下环保部门推行环境保护的垂直管理体制改革。2018 年，这项改革在全国推开。我国环境管理体制纵向权责分配的"收权压责"特征得以更大范围的展现。

9.7.2　面向生态环保"督政"的强激励机制重构

2007 年中央政府将排污总量控制纳入对地方政府节能减排考核指标开始，我国环境治理的激励机制即进入了环保强激励时期。这一时期的主要特征就是中央政府通过考核地方政府环境绩效等内部控制的方式实现其环保目标。但与西方重视环境监管规则的构建不同，中国的环境治理更加依赖通过行政系统的激励手段而达成其环境目标。自此之后，地方政府的政绩考核指标中的"绿色"因素愈加强化。从"十二五"（2011—2015 年）时期开始，中央政府更是将一票否决制纳入对地方政府环境治理绩效的考核中，生态环境治理开始由传统的政府"督企"转向政府的内部"督政"，环保激励方式也开始由传统的政府"经济激励"为主的"弱激励"模式转向以"政治考核"为主的"强激励"模式。但这种单纯依靠"考核"方式推动环境政策执行的环境监管模式也存在由于信息不对称造成的内在困境：当激励不相容时，地方政府将策略性地运用信息优势，最终导致环保考核因为无法清晰识别地方政府治理环境的努力程度而造成激励的扭曲。

"十三五"（2016—2020 年）伊始，中央通过一系列制度创新以优化环保激励的"信息渠道"，增强生态环保"督政"的兼容性与有效性。

9.7.3　迈向上下对称的环境信息渠道优化策略

自"十二五"末与"十三五"初，我国在优化环保激励制度的信息渠道方面采取了全方位的制度创新。根据信息交流方向将其总结为"监测上收"与"督察下行"两个方面。

1. 监测上收：环境监测垂直管理体制改革

所谓"监测上收"，是指上收省级以下地方政府的环境监测事权，由中央和省级政府统一履行环境监测职能。国家设置环境监测机构的目的是准确、客观、及时地获取环境信息。环境监测处于环境治理过程的神经末梢，环境监测数据是国家制定环境政策、统筹协调的科学依据。在分权管理时期，我国环境监测机构按照行政区域分而设之，每级政府的环保部门都有环境监测机构，致使环境监测功能的分割化、碎片化，这与环境治理的整体性和综合性要求相违背。因此，环境监测管理体制（即环境监测机构的设置、职责范围及其运行管理模式）更宜实行"以条为主"的垂直管理模式。2015年8月，国务院发布《生态环境监测网络建设方案》开启环境监测体制改革的序幕。同年，原环境保护部印发的《国家生态环境质量监测事权上收实施方案》成为指导全国上收生态环境质量事权的纲领性文件。2016年，全国完成大气环境质量监测点位的全部上收工作并上收水环境质量监测事权。与此同时，省级上收环境质量监测事权也取得实质性进展。

为了减少地方政府与本地环境监测机构"共谋"篡改环境数据的违法犯罪行为、增强环境监测数据的真实性，自2016年元旦起，由原环境保护部印发的《环境监测数据弄虚作假行为判定及处理办法》正式实施。同时，为了进一步打击国家机关工作人员篡改、伪造或指使篡改伪造监测数据等违规违法行为，2017年1月1日，最高人民检察院和最高人民法院联合发布的《关于办理环境污染刑事案件适用法律若干问题的解释》开始施行，首次将以上行为纳入环境污染罪。2016年7月，中央印发《关于省以下环保机构监测监察执法垂直管理制度改革试点工作的指导意见》规定"调整环境监测管理体制。本省（自治区、直辖市）及所辖各市县生态环境质量监测、调查评价和考核工作由省级环保部门统一负责，实行生态环境质量省级监测、考核"。2016年底，省环境保护厅全部上收各区县环境质量监测事权。

2. 督察下行：中央生态环保督察制度化

所谓"督察下行"，主要是指中央政府或上级政府上收环保机构的督察职能并结合党内监督巡视制度对下级政府及其环保职能机构职责履行情况的监督检查过程。换言之，"下行"是指地方环保机构督察职能被上收后的执行方向。环保督察是行政督察的组成部分。简而言之，环保督察就是对行政机关及其工作人员履行环保职责、执行环保政策和法律情况的督促和监察。当前我国生态环境保护督察制度包括生态环境系统内部督察制度与中央层面的督察两个层面。环保系统的督察制度由来已久，主要包括环境保护约谈制度、区域环保督察制度等。而中央层面的督察制度则根植于党的十八大以来所开展的生态文明建设进程并命以"中央环境保护督察"的形式在全国展开。

2015年7月，中央全面深化改革领导小组第十四次会议审议通过《环境保护督察方案（试行）》，成为我国建立环保督察机制的重要标志。《环境保护督察方案（试行）》规定了环保督察的目的、重点、对象、主要内容、工作方式、工作步骤等。相对于区域督

察，中央环保督察的层级更高、更加强调党政同责以及对督察结果的应用（督察结果直接与领导干部考核评价挂钩）。2017 年，中央组建国家环境保护督察办公室，环保部下设的六大区域环保督查中心更名为督察局（2018 年党和国家机构改革后改称生态环境部各督察局），部门性质由事业单位改为行政机构，为国家生态环保督察常态化奠定了组织基础。2019 年 6 月，中共中央办公厅、国务院办公厅印发《中央生态环境保护督察工作规定》。作为第一部关于生态环境保护的党内法规。《中央生态环境保护督察工作规定》更加强调坚持和加强党的全面领导、突出督察纪律和责任以及进一步完善督察的顶层设计。比如规定明确提出中央生态环境保护督察是中央和省两级督察体制和三种督察方式，即例行督察、专项督察和"回头看"等。中央环保督察制度向法制化的纵深方向发展。

"监测上收"与"督察下行"对于优化环保激励信息渠道的作用主要体现在：第一，"监测上收"可以强化地方环境质量信息的可信度和准确性，从而压缩地方政府操纵数据的空间，增强央地之间关于环境治理绩效信息的对称性；第二，"督察下行"是国家环保部门依靠生态环境督察与"回头看"等方式将国家治理环境的决心明确无误地传递给地方，并依靠中央政府的权威惩罚不能完整且忠诚地履行中央意志的下级政府及其工作人员。唯有环境质量信息的正向反馈功能发挥正常，地方政府的环保绩效才能成为激励其提供更多优质环境公共品的动力，也即环境管理体制的治理效应才能充分体现，而"监测上收"与"督察下行"相结合的优化信息渠道的制度设计成为继权责配置、激励机制后最为重要的环保体制变革，并在很大程度成为前两项变革可以发挥其各自效能的保障条件和重要支撑。

思 考 与 练 习

1. 环境管理的基本手段和方法有哪些？
2. 我国环境保护的基本方针、政策是什么？
3. 简述我国的环境管理体系运行模式。

第 10 章

可持续发展与生态文明建设

本章导读

　　本章主要阐述了可持续发展战略的意义与实施、生态文明理念的产生及其意义、生态文明建设的有效途径。在学习过程中，我们应当树立预防为主、从源头控制的环保理念，不能再走先污染后治理的老路；应当深入体会环境保护过程中实行可持续发展的必要性。

10.1　可持续发展理论概述

10.1.1　可持续发展思想的形成

可持续发展理论的形成经历了相当长的历史过程。工业革命以来，随着科学技术的进步，人们发明创造了很多机械工具，人类的物质生活发生了很大的变化，但同时世界出现了三大资源环境问题：①资源（包括自然资源，如水、土地、森林以及能源、矿产资源等）短缺；②环境污染，很多地方性/区域性的污染同时也属于全球性的环境污染，包括臭氧层损耗、持久性有机物质污染、全球气候变化等；③生态破坏，如森林面积减少，耕地面积减少，生物多样性减少，草地、湿地面积减少，等等。人们在经济增长、城市化、人口、资源等所形成的环境压力下，对"增长＝发展"的模式开始产生怀疑并展开研究。可持续发展思想的形成，大致经历了 5 个重要阶段。

1. 早期的反思

1962 年，美国作家蕾切尔·卡森在《寂静的春天》中描述了化学农药的使用导致美国乡村发生的显著变化——儿童、小鸟和鸡鸭牛羊等家禽家畜都因奇怪的疾病突然死亡。《寂静的春天》中提出，人类过去走的道路是一条潜伏着灾难的道路，环境问题是不正确的发展模式造成的。尽管这本书的问世使卡森一度备受攻击、诋毁，但书中提出的有关生态的观点最终还是被人们所接受。环境问题从此由一个边缘问题逐渐走向全球政治、经济议程的中心。在这之后，随着公害问题的加剧和能源危机的出现，人们逐渐认识到把经济、社会和环境割裂开来谋求发展，只能给地球和人类社会带来毁灭性的灾难。《寂静的春天》一书唤醒了很多人。

2. 一服清新剂

1968 年，欧洲意大利咨询公司董事长奥雷利奥·佩西博士出面，邀请 10 多个发达国家的 30 位科学家、教育家、经济学家和政治家，在罗马的林西研究院组成了一个旨在研究人类当前和未来处境问题的非正式国际性协会——罗马俱乐部。麻省理工学院学者丹尼斯·梅多斯领导的研究小组受罗马俱乐部委托，以计算机模型为基础，运用系统动力学对人口、农业生产、自然资源、工业生产和污染五大变量进行了实证性研究，并于 1972 年提交了第一份报告《增长的极限》。《增长的极限》中指出：地球上的资源和能源不能满足人类无休止的需求，世界上已出现了人口增长、粮食短缺、资源消耗、环境污染等诸多大问题，解决这些问题的办法就是人类不能无限增长而是要有限制。报告呼吁人类转变发展模式，从无限增长到可持续增长，并把增长限制在地球可以承载的限度之内。该报告具有警示价值和思想文化变革的引领意义。

3. 全球的觉醒

为保护和改善环境，1972 年 6 月 5—16 日，在瑞典首都斯德哥尔摩召开了联合国人类环境会议，各国政府代表团及政府首脑、联合国机构和国际组织代表参加了这次会议。此次大会是世界各国政府共同讨论当代环境问题，探讨保护全球环境战略的第一次国际会议。会议通过了《联合国人类环境会议宣言》（以下简称《人类环境宣言》），呼吁各国政府和人民为维护和改善人类环境、造福全体人民、造福后代而共同努力。为引导和鼓励全世界人民保护和改善人类环境，《人类环境宣言》提出和总结了 7 个共同观点、26 项共同原则。它开创了人类社会环境保护事业的新纪元，是人类环境保护史上的第一座里程碑。同年召开的第 27 届联合国大会把每年的 6 月 5 日定为"世界环境日"。

4. 可持续发展的提出

联合国于 1983 年 12 月成立了由挪威首相布伦特兰夫人为主席的世界环境与发展委员会，对世界面临的问题及应采取的战略进行研究。1987 年，世界环境与发展委员会发表了影响全球的题为《我们共同的未来》的报告，它分为"共同的问题""共同的挑战""共同的努力"三大部分。在集中分析了全球人口、粮食、物种和遗传资源、能源、工业和人类居住等方面的情况，并系统探讨了人类面临的一系列重大经济、社会和环境问题之后，这份报告鲜明地提出了三个观点：①环境危机、能源危机和发展危机不能分割；②地球的资源和能源远不能满足人类发展的需要；③必须为当代人和下代人的利益改变发展模式。在此基础上，报告提出了"可持续发展"的概念。报告深刻指出：在过去，人们关心的是经济发展对生态环境带来的影响，而现在，人们正迫切地感到生态的压力对经济发展所带来的重大影响。因此，人类需要有一条新的发展道路，这条道路不是一条仅能在若干年内、在若干地方支持人类进步的道路，而是一直到遥远的未来都能支持全球人类进步的道路。这一鲜明、创新的科学观点，把人们从单纯考虑环境保护引导到把环境保护与人类发展切实结合起来，实现了人类有关环境与发展思想的重要飞跃。

5. 重要的里程碑

联合国于 1992 年 6 月 3—14 日在巴西里约热内卢召开了联合国环境与发展会议。这是继 1972 年 6 月瑞典斯德哥尔摩联合国人类环境会议之后，环境与发展领域中规模最大、级别最高的一次国际会议。183 个国家代表团、70 个国际组织的代表参加了这次会议，102 位国家元首或政府首脑到会讲话。这次大会是在全球环境持续恶化、发展问题更趋严重的情况下召开的。会议围绕"环境与发展"这一主题，在维护发展中国家主权和发展权、发达国家提供资金和技术等根本问题上进行了艰苦的谈判。最后通过了《关于环境与发展的里约热内卢宣言》《21 世纪议程》《关于森林问题的原则声明》3 项文件。会议期间，对《联合国气候变化框架公约》和《联合国生物多样性公约》进行了开放签字，有153 个国家和欧共体正式签署。这些会议文件和公约有利于保护全球环境和资源，要求发达国家承担更多的义务，同时也照顾到发展中国家的特殊情况和利益。这次会议的成果具有积极意义，在人类环境保护与持续发展进程上迈出了重要的一步。可持续发展战略也是在 1992 年正式被联合国确定为世界各国的发展战略。

10. 1. 2　可持续发展的内容

《我们共同的未来》中对"可持续发展"定义为："既满足当代人的需求，又不对后代人满足其自身需求的能力构成危害的发展。"这一定义得到广泛的接受，并在 1992 年联合国环境与发展大会上取得共识。

在具体内容方面，可持续发展涉及可持续经济、可持续生态和可持续社会三方面的协

调统一，要求人类在发展中讲究经济效率、关注生态和谐和追求社会公平，最终达到人的全面发展。这表明，可持续发展虽然缘起于环境保护问题，但作为一个指导人类走向 21 世纪的发展理论，它已经超越了单纯的环境保护。它将环境问题与发展问题有机地结合起来，已经成为一个有关社会经济发展的全面性战略。

1. 经济可持续发展

在经济可持续发展方面，可持续发展鼓励经济增长而不是以环境保护为名取消经济增长，因为经济发展是国家实力和社会财富的基础。但可持续发展不仅重视经济增长的数量，更追求经济发展的质量。可持续发展要求改变传统的以"高投入、高消耗、高污染"为特征的生产模式和消费模式，实施清洁生产和文明消费，以提高经济活动中的效益、节约资源和减少废物。从某种角度上，可以说集约型的经济增长方式就是可持续发展在经济方面的体现。

2. 生态可持续发展

在生态可持续发展方面，可持续发展要求经济建设和社会发展要与自然承载能力相协调。发展的同时必须保护和改善地球生态环境，保证以可持续的方式使用自然资源和环境成本，使人类的发展控制在地球承载能力之内。因此，可持续发展强调了发展是有限制的，没有限制就没有发展的持续。生态可持续发展同样强调环境保护，但不同于以往将环境保护与社会发展对立的做法，可持续发展要求通过转变发展模式，从人类发展的源头、从根本上解决环境问题。

3. 社会可持续发展

在社会可持续发展方面，可持续发展强调社会公平是环境保护得以实现的机制和目标。可持续发展指出世界各国的发展阶段可以不同，发展的具体目标也各不相同，但发展的本质应包括改善人类生活质量，提高人类健康水平，创造一个保障人们平等、自由、教育、人权和免受暴力的社会环境。这就是说，在人类可持续发展系统中，生态可持续是基础，经济可持续是条件，社会可持续才是目的。下一世纪人类应该共同追求的是以人为本位的自然-经济-社会复合系统的持续、稳定、健康发展。

作为一个具有强大综合性和交叉性的研究领域，可持续发展涉及众多学科，可以有不同重点的展开。例如，生态学家着重从自然方面把握可持续发展，把可持续发展理解为不超越环境系统更新能力的人类社会的发展；经济学家着重从经济方面把握可持续发展，把可持续发展理解为在保持自然资源质量和其持久供应能力的前提下，使经济增长的净利益增加到最大限度；社会学家从社会角度把握可持续发展，把可持续发展理解为在不超出维持生态系统涵容能力的情况下，尽可能地改善人类的生活品质；科技工作者则更多地从技术角度把握可持续发展，把可持续发展理解为是建立极少产生废料和污染物的绿色工艺或技术系统。

10.1.3　可持续发展的原则

可持续发展理论的最终目的是达到共同、协调、公平、高效、多维的发展，以公平性、持续性、共同性为三大基本原则。

1. 公平性原则

所谓公平是指机会选择的平等性。可持续发展的公平性原则包括两个方面：一方面是本代人的公平即代内之间的横向公平；另一方面是指代际公平性，即世代之间的纵向公平性。可持续发展要满足当代所有人的基本需求，给他们机会以满足他们要求过美好生活的愿望。可持续发展不仅要实现当代人之间的公平，而且也要实现当代人与未来各代人之间的公平，因为人类赖以生存与发展的自然资源是有限的。从伦理上讲，未来各代人应与当代人有同样的权力来提出他们对资源与环境的需求。可持续发展要求当代人在考虑自己的需求与消费的同时，也要对未来各代人的需求与消费负起历史的责任，因为同后代人相比，当代人在资源开发和利用方面处于一种无竞争的主宰地位。各代人之间的公平要求任何一代都不能处于支配的地位，即各代人都应有同样选择的机会空间。

2. 持续性原则

这里的持续性是指生态系统受到某种干扰时能保持其生产力的能力。资源环境是人类生存与发展的基础和条件，资源的持续利用和生态系统的可持续性是保持人类社会可持续发展的首要条件。这就要求人们根据可持续性的条件调整自己的生活方式，在生态可能的范围内确定自己的消耗标准，要合理开发、合理利用自然资源，使再生性资源能保持其再生产能力，非再生性资源不至过度消耗并能得到替代资源的补充，环境自净能力能得以维持。可持续发展的可持续性原则从某一个侧面反映了可持续发展的公平性原则。

3. 共同性原则

可持续发展关系到全球的发展。要实现可持续发展的总目标，必须争取全球共同的配合行动，这是由地球整体性和相互依存性所决定的。因此，致力于达成既尊重各方的利益，又保护全球环境与发展体系的国际协定至关重要。正如《我们共同的未来》中写的"今天我们最紧迫的任务也许是要说服各国，认识回到多边主义的必要性""进一步发展共同的认识和共同的责任感，是这个分裂的世界十分需要的"。这就是说，实现可持续发展就是人类要共同促进自身之间、自身与自然之间的协调，这是人类共同的道义和责任。

10.1.4 可持续发展理论与传统发展理论的对比

中国工程院院士、清华大学教授钱易在谈及生态文明建设与可持续发展时提到，可持续发展与传统发展不同，它有根本的改变，不仅包含经济增长，还包含社会进步和民主法治，经济发展的同时，也要进行环境保护。对于可持续发展，有很多不同的表述，如"绿色经济""绿色发展""低碳经济""低碳发展""生态经济"等。我国还提出了建设资源节约、环境友好型的社会的科学发展观，也就是全面协调可持续的发展观。所有这些提法，从内涵本质上而言都是相同的。

可持续发展理论与传统发展理论的差异主要体现在以下 4 个方面：

（1）传统发展单纯以经济增长（即 GDP 增长）为目标，而可持续发展明确了要经济增长、社会进步、资源节约、环境保护，可持续发展是综合的发展。

（2）传统发展注重眼前利益和局部利益，而可持续发展注重的是子孙后代千秋万代的长远利益和涉及全人类的整体利益。

（3）传统发展理论是资源推动型发展，哪里有资源，哪里就发展经济，但资源利用率不高。粗放式的发展导致资源被消耗枯竭，从而反过来影响经济的发展。而可持续发展提倡的是知识推动型发展，靠科技发展来提高资源的利用率，从而使有限的资源用到无限长久的实践中去。

（4）传统发展是对自然的掠夺性发展，而可持续发展是人与自然的和谐发展。

10.2　我国实施可持续发展的必要性

中国迫切需要改变发展模式，逆转快速消耗资源的态势，迫切需要实施可持续发展战略。

从总量上看，中国地大物博，但中国人口众多，人均资源和人均环境容量都非常贫乏，在 6 种战略性资源中，水资源方面，中国的人均水资源仅为世界人均水资源的 25%；耕地资源方面，中国人均耕地资源不到世界人均耕地资源的 40%；矿产资源（铜铝）方面，人均铜资源只有世界人均的 25.5%，人均铝资源只有世界人均的 9.7%；清洁资源方面，中国人均石油资源只有世界人均石油资源的 8.3%，人均天然气资源只有世界人均的 4.1%。中国是一个资源贫瘠的国家，中国人均资源拥有量大都远低于世界人均的资源拥有量，而且中国经济增长还在大量地依赖资源的消耗。2009 年，中国的 GDP 占世界 GDP 的 8%，但中国钢铁消耗量占世界消耗总量的 44%，中国能源消耗量占世界消耗总量的 18%，中国水泥消耗量占世界消耗总量的 53%，这都说明中国 GDP 产量占世界 GDP 产量的比例要远小于中国资源消耗量占世界消耗总量的比例。

水质方面，中国的河流、湖泊、海湾的水质令人担忧，已出现有机污染、富营养污染、重金属污染以及近年来新发现的持久性有机物污染。持久性有机物污染对人的危害很大，具有持久性以及"三致"（致癌、致畸、致突变）特性，也不容易被分解，在环境中越累积越多，进入人体也是越累积越多，从而对人类繁衍后代的功能可能造成严重影响。

另外，近年来中国地下水的水质调查结果显示：中国的地下水从点到线、从线到面、从浅层到深层地下水已受到污染，环境问题严重。国家目前正在努力防止地下水的污染。

大气污染方面，近年来中国大气污染也较为严重，不仅有煤烟型污染，还有煤烟型污染和光化学污染等污染耦合在一起形成的雾霾。固体废弃物方面，中国垃圾排放量也在增加，已有 200 多个城市出现"垃圾包围城市"的现象。土壤污染方面，因污水灌溉或其他原因产生的土壤污染，从而影响农作物的质量安全的现象频现，调查表明很多地方发现土壤受到铬、镍、铜、砷、汞、铅等重金属的污染以及滴滴涕（DDT）等有机氯农药污染。事实上，日本早年曾出现过汞污染、铬污染、砷污染。

目前备受全球广泛关注的一大环境问题是全球气候变化。全球气候变化已成为世界各国和普通大众都密切关注的一件大事。中国作为世界上最大的发展中国家，面对这一问题自然不能回避，同时我们也要关注中国在全球气候变化中的责任。就排放总量而言，相比世界上其他国家，中国温室气体总排放量较大，但中国人均温室气体排放量相对而言仍处世界较低水平。另外，中国在全球气候变化方面的行动很有积极性，2014 年 12 月中国就提出了应对全球气候变化的承诺，承诺到 2030 年二氧化碳排放当量一定要达到峰值（即

"2030 碳达峰"），2030 年以后的二氧化碳排放当量就要下降了，并在此基础上实现"碳中和"。中国一再强调要实施科学发展观，要建设资源节约、环境友好型社会，要改变发展模式、调整经济结构，要发展循环经济，要建设生态文明，均是非常正确的。

中国学者对于可持续发展也进行了深度的理论思考，重点关注可持续发展的概念、理论体系、研究方法和应用实践。早在 20 世纪 90 年代，国内学者就曾对可持续发展的理论内涵进行了深入思考。王如松等认为可持续发展是人类社会的必由之路，建议从社会-经济-自然复合生态系统的角度认识人与自然的关系，并且指出生态整合是人类可持续发展的科学方法。吕永龙认为："持续发展"的最终目标是调节好生命系统及其支持环境之间的相互关系，使有限的环境在现在和未来都能支撑起生命系统的良好的运行；"持续发展"必须遵循发展的公平性、区域分异规律、物质循环利用原则、资源再生与共生原则。他认为分析与研究"持续发展"须用系统的观点、定性与定量相结合的方法，把经济、社会、文化和生态因子结合起来综合分析。牛文元认为可持续发展理论的"外部响应"，是处理好"人与自然"之间的关系，这是可持续能力的"硬支撑"；可持续发展战略的"内部响应"，是处理好"人与人"之间的关系，这是可持续能力的"软支撑"。叶文虎等则认为可持续发展思想和模式的提出，是人类对进入工业文明时期以来所走过的发展道路进行反思的结果。

10.3 面向 2030 年的全球可持续发展目标（SDGs）

10.3.1 联合国推出面向 2030 年的全球可持续发展目标（SDGs）的原因

1972 年，在斯德哥尔摩召开的联合国人类环境会议中，正式提出将环境保护纳入发展的重要内容。1987 年，世界环境与发展委员会发布了《我们共同的未来》，奠定了可持续发展的理论框架。1992 年，在里约热内卢召开的联合国环境与发展会议上，102 个国家首脑共同签署了《21 世纪议程》，可持续发展成为人类的共识。在 20 世纪八九十年代国际社会对可持续发展所达成的一系列共识的基础上，2000 年，世界各国领导人在联合国总部一致通过了《联合国千年宣言》，承诺共同实施包括消除极端贫困与饥饿、普及小学教育、促进性别平等和增强妇女权能等 8 项千年发展目标（Millennium Development Goals，MDGs）。在里约会议 20 周年之际，2012 年"里约＋20"联合国可持续发展大会召开，在呼吁变革经济发展模式的背景下提出了绿色经济的理论。2015 年，联合国千年发展目标（2000—2015）的 15 年时间期限已到。

联合国千年发展目标为全球尤其是欠发达国家的发展发挥了重要推动作用，尤其是在减贫、教育、医疗、改善饮用水源等方面。例如，发展中地区的极端贫困人口比例从 1990 年的 47％下降到 2015 年的 14％，极端贫困人口从 19 亿人减少到 8.36 亿人；2000—2015 年，发展中地区的小学入学率从 83％增加到 91％；全球 5 岁以下儿童死亡率从 1990 年的 1000 例活产婴儿死亡 90 人下降到 2015 年的 43 人；消耗臭氧层的物质基本被消除；全球获得改进饮用水的人口比例从 76％上升到 91％。

与此同时，一些全球性问题依然严峻，并且随着社会经济的不平衡发展，新问题在不同的地区不断涌现。一是贫困问题依然突出，2013 年，估计 7.67 亿人口生活在每天 1.90 美元的国际贫困线以下。二是医疗资源在部分地区依然稀缺，在发展中地区，产妇死亡率仍是发达地区的 14 倍。三是青少年尤其是女性教育问题仍然突出，世界上有 1.03 亿青少年缺乏基本的读写算技能，其中 60% 为女性。此外，在饮用水、能源、卫生方面问题仍然突出。全球还有 6.63 亿人仍然没有获得安全饮用水，水资源短缺仍然影响着全球 40% 的人口，而且这一数字预计还将增长；有五分之一的人仍然无法使用现代电力；全世界约有 25 亿人无法获得基本的卫生设施。在生态保护领域形势依然严峻，在 8300 个已知动物品种中，8% 已经灭绝，22% 濒临灭绝。一连串的问题预示着人类的可持续发展仍然面临着严峻的挑战。

更为重要的是，联合国千年发展目标主要针对解决欠发达国家的贫困、粮食安全、水、健康等基本需求问题，并要求发达国家和国际组织提供资金和技术援助。但在欧美发达国家自己陷入经济危机之后，他们对这种"失衡"的全球发展战略提出了质疑，提出"一个都不能少"，要求联合国全面关注包括发达和发展中国家在内的全球可持续发展问题。2015 年，在联合国的后发展议程中，联合国通过了 2016—2030 年全球可持续发展目标（Sustainable Development Goals，SDGs），意味着可持续发展将成为指导未来全球经济社会发展的核心理念，继续引导全球解决社会经济与环境领域的突出问题。联合国设立一组集成的 SDGs，从经济、社会和环境三个关键维度共 17 个目标和 169 个分目标，来指导各个地区包括发达国家和发展中国家在未来 15 年（2016—2030 年）的可持续发展。

10.3.2　推进实施全球可持续发展目标（SDGs）面临的主要挑战

从科学性的角度看，SDGs 对联合国千年发展目标进行了重大改进，不仅解决了可持续发展的一些系统性障碍，而且还提供了更好的关于可持续发展的三个方面的覆盖和平衡，即社会经济与环境、体制、管理三个方面。SDGs 也提出了许多概念性但需要落实的挑战，这就需要加强决策者、学术界和其他利益相关者的紧密合作。SDGs 框架反映了各国政府在国家层面上解决全球性挑战性问题的共同利益和责任。SDGs 提出后，学术界对其进行了热烈的讨论。尼尔森等就不同目标之间的相关关系进行了研究，并提出目标之间的相互关系可以分为相消、对抗、约束、一致、赋能、加强、不可分割 7 种关系，依次从最消极的相互关系到最积极的相互关系。伯施泰纳等评估了 SDGs 中土地资源与食物价格的关系，通过采用一种综合的建模方法来分析相关的政策组合如何在环境保护措施和食品价格之间进行权衡。该研究认为，从最大限度地减少不同目标之间的权衡来看，可持续消费和生产政策（SDGs 中第 12 个目标，即 SDG12）是最有效的，并建议以 SDG12 为中心制定相关的 SDGs 政策。牛文元等则指出，SDGs 与联合国千年发展目标相比有了较大改进，但是这 17 项具体目标中，只有 29% 定义完整且有科学数据支撑，54% 尚需进一步验证，17% 过于薄弱或无关紧要。这些目标存在"缺乏一致性、表述重复、语言模糊"等问题，不够严谨、不可度量、缺乏时间规定约束和定量要求。此外，17 个大目标有的重叠、有的过分独立，这可能引发不同目标之间的相互冲突，其中有些问题和可持续发展之间的矛盾尤其尖锐。

SDGs 不是联合国千年发展目标的简单扩展，而是人类发展史上一次重大的变革机遇，17 项总目标和 169 项分目标涉及气候变化、可再生能源、粮食、卫生和供水等方面，其中 91 项分目标仍然需要进一步细化和完善，这对于任何政府而言都是极其复杂的政策挑战。无论是实现经济发展、社会包容还是环境的可持续性都相当困难，当同时兼顾三个目标，并要在 15 年的政策实施周期完成任务时，其面临的实施困难是前所未有的。

总体而言，推进实施全球可持续发展目标需要开展以下工作：

（1）制定科学的衡量目标的指标体系。SDGs 不同指标之间的相互关系可能是消极的、冲突的，不同国家和地区在执行 SDGs 过程中也面临类似的问题。例如，在气候变化问题上，发展中国家强调"共同但有区别责任原则"，一些发达国家则片面强调所有排放大国都必须参与减排，这就面临着如何处理历史和现实的减排问题。SDGs 中还存在指标间相互冲突、语意模糊、缺乏时间约束和定量要求等问题，如何完善和细化指标内容，制定科学的衡量目标的指标体系是急需开展的一项重要工作。

（2）将可持续发展目标纳入国民经济与社会发展规划。要有效落实 SDGs，就必须将相关目标任务融入国家层面的社会经济发展规划等重要规划中。但是将可持续发展目标纳入国民经济和社会发展规划至少面临三个方面的挑战。第一，SDGs 中各类目标往往涉及不同领域，其中一些目标可能从未出现在有些国家的规划中。新的目标如何纳入现有指标体系是一个挑战。第二，社会经济发展规划往往融合了各种类型规划目标，而这些不同类型的规划目标分别由不同的政府职能部门制定与执行。SDGs 需要不同的政府职能部门协同执行，如何促进不同职能部门间的有效协作是一大挑战。第三，SDGs 提出的目标与各国现有的目标也可能存在一定差距，尤其是当 SDGs 的要求高于国家当下的规划目标时，在更高的目标阈值约束下，如何制定规划目标更是一个挑战。

（3）保障实施 SDGs 的融资能力。SDGs 中明确提出了"在 2030 年实现发展优质、可靠、可持续和有抵御灾害能力的基础设施，包括区域和跨境基础设施，以支持经济发展和提升人类福祉"，而这依赖于强大的融资能力。发展中国家对于基础设施的需求和资金缺口较大，而政府的财力有限。金融危机之后发达国家的发展援助资金不断减少，仅靠发达国家提供的官方发展援助远远不能满足这些地区的需求，这就需要国际社会共同拓宽资金来源，吸引社会资本广泛参与，并提高资金使用效率。

（4）可持续发展指标的综合观测和获取能力。SDGs 需要强有力的地球观测、地面监测以及信息处理的能力，需要让监测网络更全面地覆盖地球。2012 年，"里约＋20"联合国大会上启动了一项全球可持续研究，名为"未来地球"科学计划。如果将这项倡议与可持续发展目标结合起来，可能实现共赢。"未来地球"的观测网络、高性能计算、地球系统模拟、理论框架、数据管理系统等基础设施需要进一步加强，这样才能追踪人类活动以及社会变迁。此外，国际科学理事会应与世界气象组织、联合国教科文组织、联合国环境署等国际机构合作，共同组建全球监测网络。发展中国家需要与发达国家合作，共同加强观测、数据挖掘和统计分析等方面的能力。G20 发展工作组和国际科学院委员会等机构应该协助推动这方面的工作。

（5）加强监测数据规范与评估能力。联合国推动实施 SDGs，启动了国家评估，但若 SDGs 数据获取与标准不统一，如何进行国家实施 SDGs 状况的对比和动态分析？因此，需要建立规范化的监测机制，首先确定好需要追踪分析的数据，并在此基础上构建数据库。不仅需要监测水和能源的消耗量、污染物的排放量等宏观指标，也需要监测具体的科学变量，例如与水相关的信息有 pH 值、重金属含量等。因此，科学界和政府在设计监测和采样方法时，需要考虑稳健性，并注意核实数据。需要协商制定统一标准、规格和方法的数据收集模式，推动共享数据规范化。此外，必须想办法对数据进行校验，比如，对空中监测和地面监测结果进行对比。为跟踪各项可持续发展目标的进展，需要制定一套量化考核指标，例如评价可再生能源技术在提高能效和减碳等方面效果的指标。在指标中，还必须包括经济增长之外的参数，例如收入不平等、碳排放量、人口数量及寿命等。

（6）建立衡量社会进步的科学指标和方法。SDGs 特别重视社会发展和公平性问题，如何科学地衡量社会进步是全球科学界面临的挑战。社会科学类指标，不同于自然科学领域，相对缺乏被广泛接受的量化评价指标。如何在全球范围内形成普遍认可的社会进步评价指标，并完善指标数据获取方式和处理能力是重大科学前沿问题。社会科学领域的指标，例如行为模式、价值观和信仰等，需要明确数据的科学获取方式，以形成有效的评价指标。对于与经济、社会相关的数据，各国获取和处理的能力各有不同。由于缺乏标准的方法和统一的手段，很容易收集到错误或无效的信息。

（7）权衡不同目标间的冲突问题。一些学者已经指出 SDGs 的不同目标之间既有相互促进的，也有相互冲突的。当两项目标之间相互冲突时，如何权衡是摆在各个国家面前的一项挑战。除了目标间的相互冲突，SDGs 提出了广泛的目标，而这些目标需要大量的复杂的社会经济、环境数据和方法，这些数据和方法有时会提供不一致甚至相互矛盾的进展情况。如何甄别不同数据和方法的有效性、可信度也是一项重大的挑战。

（8）如何将视角从陆地转向海洋和海岸带资源的可持续利用。虽然 SDG14 明确把保护和可持续利用海洋和海洋资源作为一项可持续发展目标，但目前对海洋和海岸带管理实现可持续发展目标的作用仍然不够重视。大部分海洋资源没有明确的产权归属，如何避免海洋资源落入"公地悲剧"是一项艰巨的挑战。要实现 SDGs，需要约束各个国家的海洋资源利用行为。这不仅需要国际组织和国际条约的约束，更重要的是每个国家需要制定严格的海洋资源利用法律法规，加强对本国海洋资源利用行为的约束。目前国际上的一些资源专家和相关的国家目标或战略还只是关注陆地生态系统所提供的产品和服务，主要原因在于人们尚不能对海洋和海岸带资源进行科学估算，需要深入研究在国家或全球尺度上衡量海洋或海岸带生态系统产品和服务的方法。

10.3.3　中国推进实施可持续发展目标（SDGs）的基本思路

我国高度重视社会经济与环境协调可持续发展，取得了举世瞩目的成就。1994 年，为响应里约联合国环境与发展大会通过的《21 世纪议程》，中国政府制定了全球第一个国家级 21 世纪议程《中国 21 世纪议程：中国 21 世纪人口、环境与发展白皮书》，并将《中国 21 世纪议程》纳入了国民经济与社会发展计划。1996 年将可持续发展列为国家发展战略，1997 年，在 1986 年启动实施的"社会发展综合实验区"基础上创建"可持续发展实验区"。截至 2016 年底，在中央各有关部门和地方政府的共同努力下，已建立国家可持续发展实验区 189 个。国家可持续发展实验区的建设取得了显著成就，实验区科技创新能力显著提升，城乡协调发展状况明显好于全国平均水平，探索形成了城市生活垃圾处理的"广汉模式"，资源开发与保护并重的吉林"白山模式"，以"猪-沼-果"生态农业为特色的"恭城模式"等。

为推动落实联合国 2030 年可持续发展议程，充分发挥科技创新对可持续发展的支撑引领作用，国务院于 2016 年 12 月 3 日颁布了《中国落实 2030 年可持续发展议程创新示范区建设方案》，正式启动国家可持续发展议程创新示范区建设，以打造一批可复制、可推广的可持续发展现实范例。从基本原则、推进方法和政策保障三个方面，阐述有关推进实施可持续发展议程创新示范区的基本思路。

10.3.3.1　基本原则

1. 问题导向、创新引领

对任何一个拟建立的可持续发展议程创新示范区，优先考虑的问题不仅是本地区的发展潜力与优势，更重要的是辨识约束本地区社会、经济和环境协调可持续发展的关键瓶颈问题，制定问题导向的个性化发展策略。在落实 2030 年可持续发展议程的限期内，如何通过科技创新、体制创新和绿色创新手段解决本地区可持续发展瓶颈问题，牢牢把握创新是引领发展的第一动力，始终把创新驱动作为地区发展主导战略，发挥科技创新在理论、制度、科技、文化、管理等全面创新中的核心作用。

2. 明确目标、精准定位

虽然 2030 年可持续发展议程推出了 17 个大目标、169 个分目标，但对于每个创新示范区来说，这些大目标和分支目标未必全面适用。要根据各地的自然资源、地域特征、发展现状和潜在优势，制定合适的总体发展目标、分阶段发展目标和各项指标及其增长率。这些指标应可定量、可实现、可对比和可核实。每个创新示范区要有鲜明的特色，明确在全省、全国范围内可示范的主要内容，能产生什么样的带动效应。作为最大的发展中国家，我国必须考虑这些可持续发展议程创新示范区在全球所起的示范作用，与其他国家尤其是发展中国家分享我国推进实施可持续发展目标的经验。所以，在确定创新示范区的目标和定位时，各地也要与联合国 2030 年可持续发展议程的相关指标进行对标。

3. 政府主导、多元参与

实施 2030 年可持续发展议程是一项惠及民生的长期使命，创建创新示范区的省/地区政府部门必须高度重视，将其纳入政府工作的重要议程和各地社会经济发展规划中。建立健全政府、科研机构和大学、企业等各方共同参与的"政府＋产学研"协作创新机制，政府制定相关的优惠政策，利用各类政府项目给予倾斜或引导性支持，创造有利于可持续发展创新的社会环境；大学和科研机构负责培育创新示范区所需要的各类人才，建立有利于区域可持续发展的科技基础性支撑平台，研究开发适合地区可持续发展需要的绿色技术体系，并为地区可持续发展的科学决策提供咨询建议；企业一方面与大学、科研机构合作研究开发地区可持续发展需要的绿色技术体系，另一方面则动员广泛的社会资源，与社区一起具体负责示范实践活动，不同社会群体协同设计、协同实施和协同推进。

4. 绿色发展、和谐共生

各地区的可持续发展规划和建设方案需融入国家生态文明建设和绿色发展的大战略中，以国家发改委等部委联合发布的《生态文明建设考核目标体系》和《绿色发展指标体系》为基础，加快形成适合当地的可持续发展指标体系。加快落实"多规合一"，将可持续发展规划与国民经济和社会发展规划、城乡规划、生态环境保护规划、土地利用规划协调统一。

5. 开放共享、发展共赢

20 世纪 90 年代初期，在中国研究制定全球第一个国家级的 21 世纪议程的时候，联合国开发计划署（UNDP）、联合国环境规划署（UNEP）、联合国工业发展组织（UNIDO）等国际组织曾给予技术支持，尤其是在有关可持续发展的能力建设方面，使中国的可持续发展实践在国际上具有重要的影响。现在，中国已成为世界上最大的发展中国家和第二大经济体，落实 2030 年可持续发展议程不仅是国家的发展战略，也是在世界上分享中国可持续发展模式的重大机遇。不仅要继续深化与联合国组织的合作，更要基于"一带一路"国际合作倡议、G20 国际发展协调沟通平台等，充分利用国际资源和传播途径，为需要加快经济发展的发展中国家提供协调自然生态环境的可持续发展示范，为发达国家提供环境友好型的绿色发展路径。讲好中国故事，在全球可持续发展目标的实施过程中发挥示范作用。

10.3.3.2　推进方法

1. 统筹规划，分区推进

应针对 2030 年可持续发展议程提出的 17 项大目标，在国家层面制定中国落实 2030 年可持续发展议程规划和建设方案，将相关的社会、经济、环境领域的各项指标有机融入国民经济和社会发展规划中，在时间和空间上进行可持续发展议程创新示范区的布局。全面推进 2030 年可持续发展目标，不同地区需有所侧重，差异化推进。将全国各级行政区分为一般地区、可持续发展实验区、可持续发展议程创新示范区三类，三者的建设内容和标准有所差异：一般地区的建设内容可参照 SDGs，但是建设目标和速度由地区自行决定，原则上不做强制性定量要求；可持续发展实验区以 SDGs 为目标，不断扩充实验区的内涵和数量，以引导性的定向目标加强考核；可持续发展议程创新示范区一般应从建设效果显著的实验区中选取，结合 SDGs 和实验区建设成效，应具有鲜明的地方特色，反映创新驱动的可持续发展主要内涵，有能力率先建成高标准的可持续发展议程创新示范区。对于创新示范区建设成效较差的地区，若经考核评估不合格，则应取消其创新示范区的资格或降级为实验区，甚至取消其实验区的资格。按照"统筹规划，分区推进，各有侧重，相互关联"的基本准则，三类地区实行差异化的可持续发展推进战略。

2. 目标主导，分类示范

可以将 17 项目标作为示范模式的分类标准，建立特定目标主导型创新示范区。每个创新示范区应采用问题导向型的建设方略，对照 SDGs 制定以解决关键瓶颈问题为主导的发展策略和实施方案。

可持续发展议程创新示范区的实施内涵，可从社会-经济-生态复合生态系统的角度将 SDGs 的 17 项大目标划分为三类，其中社会类指标包含目标 3、4、5、10、16，经济类指标包含目标 1、2、7、8、9、11、12，生态类指标包含目标 6、13、14、15（目标 17 属于国际性实施指标，各地区可视实际情况选择性落实）。依据问题导向的基本原则，按照全国范围的社会-经济-生态指标梯度，确定每类指标对应的优先发展和限制发展地区，即针对每类指标，在全国范围内选择不同发展阶段的地区作为创新示范的候选地区。然后，在地区申报、专家现场考察和论证的基础上，确定各类指标和综合指标的创新示范区，并明确主要示范内容。例如，针对 SDG15 提出的"保护、恢复和促进可持续利用陆地生态系统，可持续管理森林，防治荒漠化，制止和扭转土地退化，遏制生物多样性的丧失"，可结合我国生态功能区规划和生物多样性保护优先区规划等生态保护类规划，选定以"水土保持"和"生物多样性保护"为主要内容的可持续发展议程创新示范区。

可持续发展议程创新示范区的实践模式，可根据 SDGs 目标间的相关关系，将原来的 17 项 SDGs 进行重组，形成不同组合的几项目标体系，然后针对每项目标体系选择合适的地区开展示范区建设。创新示范区的实践模式依据 SDGs 可以大致分为以下几类，各地区可以根据自身情况选择"粮食安全与减贫""教育、就业与健康""资源可持续利用（水资源、清洁能源、海洋资源）""生态系统保护（陆地生态系统、海洋环境）""可持续生产与消费"等主题开展创新示范区建设。每个示范区可以选择一个或几个主题的有机组合开展创建工作，针对每个主题也可选择不同发展梯度的几个地区同时开展试点示范。

3. 政策保障

（1）加强相关制度建设。推进联合国 2030 年可持续发展目标需充分结合我国生态文明建设战略，加快构建生态文明制度体系，出台地区《国家可持续发展议程创新示范区可持续发展促进条例》《落实可持续发展规划及建设方案实施细则》等系列配套政策，围绕创新驱动、低碳发展、环境治理、社会民生等关键领域，加快实现可持续发展规划与国民经济和社会发展规划、城乡规划、生态环境保护规划、土地利用规划协调统一，为地区可持续发展提供有力的制度和政策保障。

（2）建立促进实施可持续发展基金和社会融资机制。以创建国家可持续发展议程创新示范区为契机，不同地区可充分发挥财政资金的引导性作用，设立可持续共同发展基金，以清洁能源、环保、循环经济、医疗等领域为重点，率先组织实施一批技术成熟、推广条件较好的重大工程和示范项目，引领带动相关技术成果在国内外的研发、生产和应用。定期颁布《可持续发展项目引导目录》和《绿色企业清单》，列明政府支持项目和优惠政策，吸引企业和社会多方面投资。构建市场化的投融资机制，探索在循环经济、生态环保、公共服务、社会治理等领域引入 PPP 模式，广泛吸引各类社会资本参与项目建设。实施可持续发展的重点项目和企业可享受贷款贴息、财政资助、税收返还等财政、金融专项优惠政策。加快生产要素价格市场化改革，探索节能量、碳排放权、排污权、水权交易等交易机制创新。

10.4 生态文明理念的产生及其意义

习近平总书记指出，生态环境是关系党的使命宗旨的重大政治问题，也是关系民生的重大社会问题。从系统工程和全局角度推进生态环境治理，统筹兼顾、整体施策、多措并举，全方位、全地域、全过程开展生态文明建设，保护生态环境，建设美丽中国。生态文明建设是关系中华民族永续发展的根本大计。

人类文明已经经历了三个不同的阶段：原始文明、农业文明和工业文明。第一个阶段就是原始时代，是原始文明。原始文明的特点是人的力量很弱，自然的力量显得非常强大，所以人类对自然的态度是畏惧，一切都听命于自然，人类还把自然界的一些现象当作顶礼膜拜的对象，在当时是图腾文化。随着经济的发展，到了农业文明时代，人类可以种地，可以生产粮食，生活有了改善，可以吃到人类自己种植的粮食，而不是自然界有什么就吃什么。农业文明时代已经出现了一点改天换地的思想，人们已经知道变革自然。例如，中国古代愚公移山的故事就说明了人已经有了克服困难来战胜自然的心理。但中国古人知道要想种出粮食，要种得多、种得好，一定要靠天靠地，不能破坏天和地，所以中国在 2000 多年前就有了天人合一论，尊敬自然、依靠自然。工业革命之后，在工业发达国家中出现了人类中心主义，认为人若要干什么就一定可以干成。人类发明了自行车代步，发明了汽车，发明了飞机，有了太空飞船。工业文明时期，人与自然的关系发生转变，人类企图征服自然，让自然按照人的意愿改变。随着科技的发展，人类开发利用自然资源的能力进一步增强，人类对大自然开始了疯狂的掠夺与征服，工业文明引发了人类生存环境危害问题，一是自然矿物资源消耗殆尽的问题，工业文明未来将以能源为主体的资源消耗殆尽，特别是对不可再生资源的消耗最为严重。二是生态生物圈的失衡问题，工业文明还使生态平衡遭到了严重的破坏，生物多样性在消失，生物物种在减少。目前世界上有多种高等动物濒临灭绝，万种有花植物的生存处于危险之中。三是自然环境污染问题，工业生产制造品伴随工业废水废气废渣，给人类的生活环境与身体健康带来了极为严重的危害，包括大气污染、水体污染等。

一系列全球性生态环境问题说明地球再没能力支持工业文明的继续发展，需要开创一个新的文明形态来延续人类的生存，这就是生态文明。如果说农业文明是"黄色文明"，工业文明是"黑色文明"，那么生态文明就是"绿色文明"。生态，指生物之间以及生物与环境之间的相互关系与存在状态，也即自然生态。人类社会改变了这种规律的作用条件，把自然生态纳入人类可以改造的范围之内，这就形成了文明。因此，生态文明，是以人与自然、人与人、人与社会和谐共生、良性循环、全面发展、持续繁荣为基本宗旨的社会形态。生态文明是人类文明发展的一个新的阶段，即工业文明之后的文明形态。生态文明是人类遵循人、自然、社会和谐发展这一客观规律而取得的物质与精神成果的总和。

10.4.1　生态文明的实质

清华大学环境保护专家钱易院士指出，生态文明是与物质文明、政治文明、精神文明并列的现实文明形式之一。生态文明的特点是它着重强调人类和自然的协调相处。生态文明的实质是可持续发展的思想基础，它提倡环境伦理观。

党的十七大提出要大力推进生态文明建设，党的十八大进一步强调要大力推进生态文明建设，同时提出要"五位一体"地建设好中国特色社会主义，建设小康社会，并且必须把生态文明建设放在突出地位，融入经济建设、政治建设、文化建设、社会建设各方面和全过程。也就是说，经济建设一定要以生态文明理念为指导，要建设的经济不是一般的经济，不是单纯的 GDP 增长，而是要建设生态工业、生态农业、生态服务业等类型的生态旅游业。另外，比如规章制度和政策都属于政治建设范畴，也一定要以生态文明理念作指导，要把生态文明理念灌输到所有的法律、制度和政策中去。文化建设中也要讲生态文明，每个人都应该来实践生态文明。社会建设中也是要把生态文明建设融入进来。五大建设中都要包括生态文明建设，五大建设中都要强调生态文明。

10.4.2　环境伦理观

生态文明建设提倡实施环境伦理观。自然的价值和权利是环境伦理的核心。保护生态环境除科学技术之外，还需要伦理学思维。环境伦理重在强调环境问题所涉及的价值观和原则。

10.4.2.1　环境伦理理论研究的基本思考框架

环境伦理的相关研究通常包含了以下六大类问题。

（1）我们怎样认识自然界。自然界是否有不依赖人类的价值？自然存在物是否只具有工具价值？它是否拥有内在价值？它们所具有的价值是主观的，还是客观的？自然界有无持续存在的权利？怎样界定这种新的权利？

（2）评价标准问题。如果我们承认有人与自然关系合理性的标准和最终根据，那么，这个标准和最终根据的科学基础是什么？人们在实践中究竟应以什么作为评价标准？人与自然关系合理性标准的最终根据是什么？

（3）义务的对象问题。人对哪些存在物负有直接的道德义务？与此相关的是，人对人以外的存在物是否负有直接的道德义务？如果没有，理由是什么？如果有，根据又何在？为什么我们有义务维护生态系统的完整和稳定？

（4）适用于这个伦理领域的美好品格的标准和正确行为的原则是什么？它们与人际伦理原则有何区别？一个存在物获得道德关怀的根据是什么？我们应根据什么原则来解决人对人的义务与人对自然的义务之间的冲突？

（5）我们怎样为上述问题的解答提供一个恰当的哲学方法论和世界观背景？

（6）我们怎样才能建立起合理的环境道德规范？依据何种原则？如何运用这些原则和规范解决现实的社会问题等。

这些问题构成了环境伦理理论研究的基本思考框架。围绕着这些研究产生的不同看法，形成了现代环境伦理学不同的思想流派。

10.4.2.2　环境伦理观的内涵

关于环境伦理观的内涵，清华大学环境保护专家钱易院士和清华大学哲学系伦理道德研究方面的教授们经过多次讨论，最后形成了统一的观念，认为环境伦理观的内涵主要包括以下三大方面：

（1）尊重和善待自然。环境伦理观要求每个人都要尊重和善待自然，不能乱捕乱猎，不能乱砍滥伐，不能乱吃乱破坏。环境伦理观要求尊重和善待生态系统的和谐和稳定。人类在发展工业的过程中不能破坏生态系统的和谐和稳定，要好好学习自然界是如何保持稳定的，人类要顺应自然的生活。

（2）关心自己并关心人类。环境伦理观要求每个人关心自己并关心全人类。关心自己

并不是指要自私自利，自私自利是绝对错误的，关心自己是对的，而且是必须要做的，一定要关心自己，关心自己的身体，关心自己的学问，关心自己的能力，从而来保护好身体，增加自己的学问，提高自己的能力，这样才能为国家为人类做更多的贡献。在关心自己的前提下，还要关心人类。除了关心我们看得见的人，也要关心我们看不见的那些与人类有关的事，比如全球气候变化以及受全球气候变化影响最显著的国家和地区的人们，关心即将到来的全球危机及受危机影响的地区和人们，要积极应对全球气候变化，防止全球气温再持续升高，防止海平面再持续上升。

（3）着眼当前并且思虑未来。每个国家、每个城市、每个地区都需要发展，但不能只考虑眼前的发展、某个地区的发展，而要考虑长远发展、全人类的发展，还要考虑子孙后代的利益。

思 考 与 练 习

1. 生态文明的实质是什么？
2. 阐述生态文明与原始文明、农业文明和工业文明的相同点及不同点。
3. 环境伦理观包括哪几个方面？

参 考 文 献

［1］ 陈迎，巢清尘，等．碳达峰、碳中和 100 问［M］．北京：人民日报出版社，2021．

［2］ 戴晓虎．从五大技术路线角度看污泥领域如何减污降碳［N/OL］．中国水网．（2021 - 10 - 28）［2022 - 03 - 12］．

［3］ 吴忠标，李伟，王莉红．城市大气环境概论［M］．北京：化学工业出版社，2003．

［4］ 郝吉明，马广大，王书肖．大气污染控制工程［M］．北京：高等教育出版社，2010．

［5］ 许兆义，杨成永．环境科学与工程概论［M］．北京：中国铁道出版社，2002．

［6］ 环境保护部环境评估中心．环境影响评价技术方法（2013 版）［M］．北京：中国环境科学出版社，2013．

［7］ 朱亦仁．环境污染治理技术［M］．北京：中国环境科学出版社，2002．

［8］ 盛义平．环境工程技术基础［M］．北京：中国环境科学出版社，2002．

［9］ 陈杰瑢．环境工程技术手册［M］．北京：科学出版社，2008．

［10］ 新《固体废物污染环境防治法》十大亮点［N/OL］．北极星固废网．（2020 - 09 - 01）［2022 - 05 - 21］．

［11］ 晏磊．数据：上海垃圾分类，对焚烧厂利弊何在？［N/OL］．中国固废网．（2021 - 08 - 03）［2022 - 06 - 10］．

［12］ 赵由才．固体废物处理及资源化［M］．3 版．北京：化学工业出版社，2019．

［13］ 生态环境部．生态环境部通报 6 起非法转移倾倒固体废物及危险废物案件问责进展情况［EB/OL］．（2018 - 05 - 13）［2022 - 7 - 22］．

［14］ 张则行，何精华．党的十八大以来我国环境管理体制的重塑路径研究：基于组织"内部控制"视角的分析框架［J］．中国行政管理，2020（7）：22 - 27．

［15］ 殷培红，夏冰，王彬，等．生态系统方式下的我国环境管理体制研究［M］．北京：中国环境出版社，2017．

［16］ 黄爱宝．政府生态责任终身追究制的释读与构建［J］．江苏行政学院学报，2016，（1）：108 - 113．

［17］ 黄冬娅，杨大力．考核式监管的运行与困境：基于主要污染物总量减排考核的分析［J］．政治学研究，2016，（4）：101 - 112，128．

［18］ 翁孙哲．博弈、激励和生态损害救济研究［J］．理论月刊，2018，（11）：97 - 105．

［19］ 王海芹，高世楫．生态环境监测网络建设的总体框架及其取向［J］．改革，2017（5）：15 - 34．

［20］ 翁智雄，葛察忠，程翠云，等．我国生态环境保护督察制度的构成及其特征［J］．环境保护，2019，47（14）：17 - 22．

［21］ 庄玉乙，胡蓉，游宇．环保督察与地方环保部门的组织调适和扩权：以 H 省 S 县为例［J］．公共行政评论，2019，12（2）：5 - 22，193．

［22］ 吕永龙，王一超，苑晶晶，等．关于中国推进实施可持续发展目标的若干思考［J］．中国人口·资源与环境，2018，28（1）：1 - 9．

［23］ 钱易，李金惠．生态文明建设理论研究［M］．北京：科学出版社，2021．

［24］ 钱易，温宗国，等．新时代生态文明建设总论［M］．北京：中国环境出版集团，2021．

［25］ 麦肯锡．应对气候变化：中国对策［R/OL］．（2020 - 06 - 16）［2021 - 11 - 06］．

［26］ 中华人民共和国生态环境部．2020 年中国环境噪声污染防治报告［R/OL］．（2020 - 06 - 19）［2021 - 12 - 15］．

［27］　中华人民共和国生态环境部. 2021 年中国生态环境状况公报［R/OL］.（2022 - 05 - 26）［2022 - 10 - 11］.

［28］　熊颖郡. 无人机遥感技术在生态环境监测领域的应用研究［J］. 中国资源综合利用，2021，39（2）：59 - 61.

［29］　王浩，李文华，李百炼，等. 绿水青山的国家战略、生态技术及经济学［M］. 南京：江苏凤凰科学技术出版社，2019.

［30］　吕永龙，贺桂珍. 现代环境管理学［M］. 北京：中国人民大学出版社，2009.

［31］　中国环境百科全书选编本：环境管理学［M］. 北京：中国环境出版社，2017.

［32］　刘芇岩. 环境保护概论［M］. 2 版. 北京：化学工业出版社，2018.